LE PAYS QU'HABITAIT ALBERT EINSTEIN

DU MÊME AUTEUR (extrait)

CONVERSATIONS AVEC LE SPHINX. LES PARADOXES EN PHYSIQUE, Albin Michel, "Sciences d'aujourd'hui", 1991 ; Le Livre de poche, 1994.
LE TEMPS ET SA FLÈCHE, avec M. Spiro (dir.), Éditions Frontières, 1995 ; Flammarion, "Champs", 1996.
L'UNITÉ DE LA PHYSIQUE, PUF, "Science, histoire et société", 2000.
LES TACTIQUES DE CHRONOS, Flammarion, 2003 ; "Champs", 2004.
PETIT VOYAGE DANS LE MONDE DES QUANTA, Flammarion, "Champs", 2004.
IL ÉTAIT SEPT FOIS LA RÉVOLUTION. ALBERT EINSTEIN ET LES AUTRES…, Flammarion, 2005 ; "Champs Sciences", 2007.
LE FACTEUR TEMPS NE SONNE JAMAIS DEUX FOIS, Flammarion, "NBS", 2007 ; "Champs", 2009.
GALILÉE ET LES INDIENS. ALLONS-NOUS LIQUIDER LA SCIENCE ?, Flammarion, "Caf. Voltaire", 2008.
DISCOURS SUR L'ORIGINE DE L'UNIVERS, Flammarion, "NBS", 2010 ; "Champs Sciences", 2012.
ANAGRAMMES RENVERSANTES OU LE SENS CACHÉ DU MONDE, avec J. Perry-Salkow, Flammarion, 2011.
EN CHERCHANT MAJORANA. LE PHYSICIEN ABSOLU, Équateurs-Flammarion, 2013 ; Gallimard, "Folio", 2015.
LE MONDE SELON ÉTIENNE KLEIN, Équateurs, 2014 ; Flammarion, "Champs", 2015.
LES SECRETS DE LA MATIÈRE, Librio, 2015.
Y A-T-IL EU UN INSTANT ZÉRO ?, Gallimard Jeunesse, 2015.
LE PAYS QU'HABITAIT ALBERT EINSTEIN, Actes Sud, 2016 ; Babel nº 1557.
TOUT N'EST PAS RELATIF, Flammarion, 2017.
MATIÈRE À CONTREDIRE, Éditions de l'Observatoire, 2018.

ISBN 978-2-330-10330-9

ÉTIENNE KLEIN

LE PAYS QU'HABITAIT ALBERT EINSTEIN

essai

BABEL

Heureux celui qui n'a pas de patrie. Il la voit encore dans ses rêves.

HANNAH ARENDT[1]

1. Hannah Arendt, *Heureux celui qui n'a pas de patrie, Poèmes de pensée*, traduction de François Mathieu, Payot, Paris, 2015, p. 102.

1

CHAMBRE D'APPEL

L'axe normal de la rêverie cosmique est celui le long duquel l'univers sensible est transformé en un univers de beauté.

GASTON BACHELARD

Même achevée, toute vie se prolonge hors d'elle-même, dans le ciel qu'elle devient pour d'autres vies.

Adolescent, déjà, j'avais besoin qu'il soit dans le paysage. Sur les murs de ma chambre, j'avais accroché deux portraits de lui. Sur l'un, il était jeune, élégant, avec un regard pétillant et une bouche gourmande, ornée d'une fine moustache ; sur l'autre, il était vieux, tourmenté, vêtu de façon négligée, il avait les cheveux longs et des yeux infiniment tristes. Je ne comprenais pas comment le premier avait pu devenir le second. À côté de lui, Giacomo Agostini et Barry Sheene inclinaient leurs motos de course sous des angles impossibles.

Dès notre première rencontre, cet homme a mis mon univers en expansion – j'avais dix ans et j'entrai en physique sans en avoir conscience. Bien que décédé en 1955, trois ans avant ma naissance, il est toujours à une distance plus ou moins grande, jamais infinie, de ma propre existence. Avec certains êtres, le temps posthume devient un temps vivant, subtil, nourricier.

À cette époque, je savais seulement, et de façon bien vague, qu'il avait dérangé à plusieurs reprises l'ordonnancement de la pensée des physiciens, provoqué de formidables tremblements parmi les concepts et, surtout, qu'il était le découvreur d'une formule à la simplicité inattendue – $E = mc^2$ – qui avait ouvert toutes sortes de portes sur la lumière, le monde agité des particules et le grand univers soi-même.

Je me souviens d'avoir été marqué par une anecdote : lorsqu'Eduard, son second fils, lui avait demandé pourquoi il était devenu si célèbre, il avait répondu : “Quand un scarabée aveugle marche à la surface d'une branche incurvée, il ne se rend pas compte que le chemin qu'il suit est lui aussi incurvé. J'ai eu la chance de remarquer ce que le scarabée ne peut pas voir.” Bien que je n'en comprisse pas tout le sens, cette phrase m'intrigua, d'autant qu'elle se poursuivait en considérations étranges sur la courbure de “l'espace-temps” et la déviation des rayons lumineux passant au voisinage d'une étoile. L'espace-temps serait donc courbe ? La lumière n'irait pas en ligne droite ? Le temps ferait lui aussi des virages ? Quelle histoire ! avais-je pensé, sans pouvoir en penser plus compte tenu de la faiblesse de mes connaissances et des bornes de mon entendement. Mais mon imagination, elle, s'était mise à galoper comme un pur-sang.

Souvent, dit-on, cet homme ne mettait pas de chaussettes – ou seulement une – au motif que le gros orteil, rendu coupant par la croissance de son ongle, finit toujours par la percer. Et, même sous un ciel menaçant, il rechignait à porter un chapeau sous prétexte que ses cheveux séchaient plus vite que n'importe quel couvre-chef. Cet argument selon lequel on doit pouvoir se passer facilement de certaines choses qui s'usent trop vite ou ne sont pas indispensables me semblait à la fois fou et précieux, salvateur même.

Parvenu à l'âge adulte, j'ai tenté de faire mienne, dans les périodes de grand débordement, l'une de ses phrases puissantes, sans jamais y parvenir vraiment : "Je ne dors pas longtemps, mais je dors vite."

Sa ligne d'univers étant désormais très éloignée de celle des vivants, nul ne peut plus marcher à ses côtés. On peut seulement aller sur ses traces. Le temps a beau n'être que la quatrième dimension de l'espace-temps, il diffère des trois premières : on ne s'y déplace pas à sa guise, comme on peut le faire dans l'espace ; le passé est le passé, à tout jamais inaccessible dès l'instant où il a cessé d'être présent.

Alors comment faire avec un absent qui vous accompagne depuis si longtemps ? avec une ombre tutélaire dont vous entendez les pas résonner sur les pavés du monde ? Quand l'idée d'écrire me traversait, je me laissais convaincre de n'en rien tenter par des objections toutes plus dirimantes les unes que les autres : Albert Einstein est une figure monumentale, un monolithe écrasant, une mythologie gelée à lui tout seul ; à cette sorte d'intellectuel total qui fut également un héros populaire on a consacré, de son vivant et après, plus de deux mille livres, des millions d'articles, des centaines de documentaires ; on l'a tant photographié que son visage est aussi connu que la face de la lune ; on l'a également statufié, décortiqué[1], ardemment catalogué ; en l'an 2000, c'est lui que, parmi une liste impressionnante de grandes figures, les lecteurs du magazine *Time* ont choisi pour symboliser "l'homme du XXe siècle".

De quoi me tétaniser. L'albertologie étant une science déjà ancienne et prolifique, que dire qui ne l'ait déjà été ?

À défaut de pouvoir répondre, il fallait que je me mette en mouvement, d'une façon ou d'une autre. Je décidai, pour commencer, de partir à bicyclette.

À bicyclette, oui. L'idée a surgi quand j'ai revu, au détour d'un article, une photographie célèbre, prise en février 1933 devant la maison de son ami Ben Meyer, à Santa Barbara, en Californie : Einstein a cinquante-quatre ans, il est à vélo, il sourit. C'est un mélange tournant de mobilité douce et de puissance intellectuelle, de vigoureuse maturité et de fraîcheur enfantine. J'eus l'impression qu'il me faisait signe. Sous la photo, en guise de légende, il y avait cet aphorisme qu'on lui attribue sans doute abusivement : "Il en va des hommes comme il en va du vélo : c'est seulement quand on bouge qu'on peut confortablement maintenir son équilibre." J'entendis cette remarque de bon sens physico-existentiel comme une invitation au voyage, que ce poème d'Einstein, écrit au retour d'une promenade à vélo,

1. Aussitôt après sa mort, en dépit de l'opposition spécifique qu'il avait formulée de son vivant, son encéphale fut prélevé, puis découpé en deux cent quarante lamelles qui furent dispersées entre plusieurs institutions où elles furent minutieusement étudiées dans l'espoir d'y détecter quelque particularité morphologique susceptible d'expliquer son génie, comme s'il s'agissait d'une mécanique insolite qu'on allait enfin pouvoir démonter.

et que je découvris un jour de mars 2015, rendit irrésistible :

Jamais je n'ai vu plus beau
Là-haut le soleil, en nous la paix
Tous les cœurs étaient en extase
Et moi je n'avais pas scrupule
À pédaler comme un bienheureux[1] *!*

1. Einstein écrivit cette poésie le 18 février 1933, en Californie. Citée *in* Kenji Sugimoto, *Einstein, biographie illustrée*, traduction de Jean-Pierre Bardos, Belin, Paris, 1990, p. 128.

2

RIDING IN THE RAIN

Les gens qui n'aiment pas le vélo nous ennuient, même quand ils n'en parlent pas.

MICHEL AUDIARD

Printemps 2015. Des fourmis dans les jambes, un carnet dans la poche et un casque presque déjà sur la tête, j'achetai un billet de train pour Bâle, la porte d'entrée de l'Helvétie. Je commencerais par l'adolescence d'Einstein, par la Suisse. Aarau, Mettmenstetten, Zurich, Berne, des villes où il a séjourné de seize à trente ans, où ses pensées ont longuement mûri, parfois dans l'adversité, jusqu'à produire un véritable feu d'artifice en 1905, une sorte d'explosion conceptuelle unique dans l'histoire de la physique. Puis j'irais à Prague, Bruxelles, Anvers, Le Coq-sur-Mer. C'est en Europe qu'Einstein a été le plus créatif, jusqu'à ce qu'il soit contraint de la quitter, en 1933.

Une sorte de pèlerinage ? Je n'ai pas l'âme d'un pèlerin. Plutôt une tentative ambulatoire, une sorte d'immersion dynamique dans l'histoire par la géographie. J'avais surtout l'espoir que les lieux où

Einstein a mis les pieds conserveraient, par un effet d'hystérésis, un halo différé mais perceptible de sa présence. Sortes de palimpsestes superposant différentes couches de réalités, spatialement confondues mais temporellement séparées.

Après trois heures de voyage en TGV Lyria, j'arrivai à bon port, plus exactement à bonne gare. Ou peut-être est-ce plutôt la ville de Bâle qui s'arrêta à mon train puisque, en vertu même du principe de relativité, ces deux façons de dire sont parfaitement équivalentes. Après une nuit dans un petit hôtel au bord du Rhin, je louai dès l'aube un solide vélo rouge et deux grosses sacoches noires que j'arrimai au porte-bagages. Redonner une vigueur existentielle au passé d'Einstein en parcourant à vitesse humaine le présent de l'espace terrestre – c'était l'idée. Direction Zurich, en passant par Aarau. Zurich, bien sûr, puisque s'y trouve l'Institut polytechnique où Einstein fit ses études d'ingénieur ; Aarau, parce que c'est là qu'il passa, joyeusement selon ses propres dires, sa dix-septième année ; là, surtout, qu'il se formula la question qui le conduirait, plus tard, à la révolution relativiste. Une question étrange, à rebours du mode de pensée usuel des physiciens : le corps y entre en scène, se trouve projeté par l'imagination dans des situations étranges où il continue de ressentir et de percevoir. Une question dont on se demande par quel cheminement et en vertu de quelle sorte de folie elle a pu surgir dans une tête aussi jeune : comment percevrais-je la lumière si je chevauchais un rayon lumineux? se demanda-t-il. Dans cette situation, les ondes électromagnétiques dont est faite la lumière me paraîtraient stationnaires, se dit-il. Phénomène impossible car la lumière n'existe que si elle se déplace : nul n'a jamais pu voir un rayon lumineux qui fût immobile. Ce paradoxe allait durablement orienter la réflexion d'Einstein : neuf ans plus tard, en 1905 à Berne, il lui donnerait chair sous la forme d'une nouvelle théorie physique : la relativité restreinte.

À l'évidence, je me devais d'ouvrir mon périple par la capitale du canton d'Argovie située au pied sud du Jura, Aarau, petite ville inaugurale de l'un des plus grands retournements conceptuels du XXe siècle.

En Suisse, les pistes cyclables entre deux villes ou deux villages longent rarement les routes. Leurs courbes prennent la tangente à travers champs et forêts, loin des voitures et des camions. Du plus bel asphalte et minutieusement entretenues, elles ont une existence propre aux deux sens du terme. Je décidai bien sûr d'emprunter celles qui relient Bâle à Aarau, quitte à rallonger le trajet, en vertu de cette phrase de Gérard de Nerval qui me semblait un écho anticipé à l'étrange tissage de l'espace et du temps que formalise la théorie de la relativité restreinte :

> Cela m'a donné l'idée de revenir à Paris par Ermenonville – ce qui est la route la plus courte comme distance et la plus longue comme temps, bien que le chemin de fer fasse un coude énorme pour atteindre Compiègne[1].

Les détours ont souvent un charme que ne possèdent pas les sentiers battus. Sauf, peut-être, quand

1. Gérard de Nerval, "Angélique", 4e lettre, in *Les Filles du feu*, Gallimard, "Folio classique", Paris, p. 66.

il pleut drument. Car le fait que *le temps qui passe* soit relatif n'empêche pas que *le temps qu'il fait* puisse être exécrable d'une absolue façon. Même un 1er mai, en plein printemps.

Sous une pluie incessante, le jour de la fête du Travail, j'ai parcouru soixante kilomètres vallonnés, si ondulés qu'ils n'auraient guère rassuré Euclide sur la pertinence de ses axiomes. Ambiance *Gimme Shelter*. Ce qui, à l'amoureux des cimes intranquilles que je suis, n'était pas fait pour déplaire : j'aime quand le fond de l'air est frais, s'agite et turbule. D'autant que mes sacoches plastifiées étaient parfaitement étanches, mes mollets élastiques et que je me sentais en pleine forme. Je découvrais la campagne helvétique, toute d'équilibre en dépit du mauvais temps, avec ses bois, ses maisons solides, ses coteaux, ses tintements de cloches lointaines. La route miroitait. Je pédalais à l'intérieur d'une carte postale mouillée.

Le statut qu'on accorde à la pluie est relatif. Il est affaire de circonstances et d'équipement, bien sûr, mais aussi de durée. Lorsqu'il est arrivé à Paris en 1911, Chagall a achevé une œuvre magistrale, *La Pluie*, qui me revient toujours à l'esprit dès que des gouttes à la taille encore incertaine menacent d'accroître l'humidité ambiante. La dynamique de ce tableau est ambivalente, paradoxale même : le gris et le noir du ciel annoncent l'orage ; au centre de la toile, un arbre fruitier au tronc courbé. Sous l'effet d'une rafale de vent ? Peut-être. Pourtant, le feuillage est statique. À droite, un homme sort d'une maison en bois et ouvre placidement son parapluie, comme si la pluie était pour lui une douce joyeuseté.

Le même phénomène peut s'observer à vélo. Du moins dans un premier temps : le bonheur de pédaler surpasse largement les désagréments du déluge. C'est à la longue que la pluie devient une petite plaie. Glacée dès que la vitesse s'en mêle, elle pique, aveugle, détrempe ; elle transforme la chaussée en patinoire, neutralise les freins et fait claquer des dents. Du coup, le prochain bistrot helvético-alémanique qui pointe le bout de son enseigne est toujours le bon. Et même, pour tout dire, une succursale du paradis.

On a beau avoir les pieds glaiseux et des vêtements dégoulinants, on y est toujours fort gentiment accueilli. Avant même qu'on ait commandé quoi que ce soit surgit un bol de soupe, en violation du principe de causalité (qui réclamerait que les faits se suivissent dans l'ordre inverse) ; deux ou trois plaisanteries de la patronne l'accompagnent, qui portent sur l'incongruité de préférer galérer quand on pourrait "préférer ne pas", comme dirait l'autre. On repart gonflé à bloc et "la cerise intégralement refaite", comme dirait cette fois un coureur cycliste. On le croit même si fort qu'on accélère l'allure, semant le peloton fictif et survitaminé dont on se serait échappé. Mais cela ne dure pas. Bientôt, le corps fait à nouveau l'intéressant. Il tremble, il grelotte sous la pluie qui darde le sol de petites fusées blanches. Toutefois, sensible au mépris et à l'indifférence que peut lui témoigner son propriétaire, s'il comprend qu'il n'y a rien à faire pour l'apitoyer ou altérer sa motivation, il consent à accomplir docilement sa tâche, sans jérémiades, jusqu'au troquet suivant… C'est ainsi qu'à force de tavernes périodiquement rencontrées et aussitôt investies, j'allais atteindre au début de l'après-midi ma première destination : Aarau, hourra !

L'œil vacant et la tête dans les épaules, c'est à la vitesse d'un rémouleur que je suivis l'Albert-Einstein-Weg, petit chemin goudronné, bordé de pelouses plantées de bouleaux, qui longe l'Aar jusqu'à l'entrée de la ville et dont le seul nom démontrait que je ne m'étais pas égaré.

D'emblée, la singularité du lieu s'offrait au regard : de larges avant-toits aux fresques colorées, ces fameux *Dachhimmel* à motifs bibliques, fleuris ou artisanaux, animent littéralement la ville depuis le XVIe siècle. La pluie avait beau redoubler, j'étais sensible à la douceur d'Aarau, à son pittoresque.

Pied à terre comme il se doit dans les zones piétonnières, je ne tardai pas à arriver dans le centre historique, et déambulai au cœur de l'ancienne place forte médiévale, restaurée, harmonieuse, dans des ruelles repavées de dalles et de pierres naturelles. Aux maisons bourgeoises succédaient des maisons bourgeoises, imposantes, cossues. Tout à coup, au détour d'une rue surgit, filant dans le ciel, un haut clocher, celui de l'église réformée.

Aarau fait partie de ces villes, grandes ou petites, qui s'emparent du regard et inondent la conscience, dégagent une atmosphère propice aux expériences intérieures. On s'y sent chez soi sans même rien en connaître.

À l'issue d'un concours de circonstances quasi miraculeux, c'est ce petit havre pour l'esprit qui a offert à Einstein l'antidote à l'excessive rigidité de l'éducation allemande qu'il avait reçue à Munich et que, bien qu'Allemand lui-même, il n'avait pu supporter.

3

À NOUS LA LIBERTÉ !

Dans la lumière de fin d'après-midi, il m'a semblé que les années se confondaient et que le temps devenait transparent.

PATRICK MODIANO

La science augurale étant une science mal assise, il arrive que ses prédictions soient violemment contredites par la suite de l'histoire.

"Vous, vous n'arriverez jamais à rien", tonna un beau matin de 1895 le professeur de grec du Luitpold-Gymnasium à l'encontre de l'élève Einstein, qui protesta n'avoir commis aucune offense. "Par votre seule présence, vous altérez le respect de la classe à mon égard[1]", rétorqua le piètre visionnaire.

À Munich, Einstein avait l'impression que les professeurs de son lycée, ces lieutenants, lui étaient hostiles. Impression sans doute fondée : "En raison de ma mauvaise mémoire, se souviendra-t-il, la routine

1. Cette anecdote est rapportée par Einstein lui-même dans une lettre de 1940 (Banesh Hoffmann, *Albert Einstein, créateur et rebelle*, Seuil, Paris, 1975, p. 33).

et la monotonie des méthodes d'enseignement me créaient de grosses difficultés, qu'il me semblait futile de vouloir surmonter. Je préférais donc subir toutes sortes de punitions plutôt que d'apprendre à débiter du *par cœur*[1]."

Ses camarades de classe, eux, regardaient comme un phénomène étrange ce garçon de quinze ans, de bonne constitution, mais qui ne tapait jamais dans un ballon, rechignait à courir et ne s'intégrait guère. Ils s'étonnaient aussi de le voir lire des ouvrages de vulgarisation scientifique au-dessus de son âge, tels *Le Livre populaire des sciences naturelles* de Bernstein, *Force et matière* de Büchner, *Cosmos* d'Alexandre de Humboldt ou encore le *Traité de géométrie plane* de Spieker – des cadeaux de Max Talmey, un étudiant en médecine désargenté qui, pendant plusieurs années, était venu déjeuner chaque semaine chez les Einstein. Ses condisciples ne comprenaient pas davantage son manque d'enthousiasme à la perspective de devoir bientôt servir dans l'armée. Einstein manifestait une aversion instinctive pour la violence et la brutalité. Il n'aimait pas ces défilés militaires, de plus en plus fréquents, dans les artères des grandes villes allemandes. Il détestait le bruit des talons cloutés et des sabots ferrés frappant les pavés. Il lui était odieux que les membres du gouvernement portent des uniformes militaires et les chauffeurs de taxi des tenues martiales. Ce contexte l'exaspérait et finit même par le perturber nerveusement, d'autant qu'il était livré à lui-même depuis quelques mois. Sa famille avait dû émigrer en Italie en raison de problèmes financiers – son père

1. *Ibid.*, p. 35.

avait perdu un contrat pour l'éclairage de la ville de Munich. Le jeune Albert s'en alla donc consulter le médecin de famille qui accepta de lui délivrer un certificat médical notifiant que sa santé exigeait une période de repos d'au moins six mois auprès des siens. Einstein demanda à son professeur de mathématiques une lettre attestant que ses connaissances réelles étaient de niveau universitaire, puis quitta le lycée[1] en pleine année scolaire. Il savait depuis longtemps que jamais il ne pourrait s'adapter à une pédagogie fondée sur la peur, ni à une discipline de fer ni à un éclairage de l'esprit à la vessie plutôt qu'à la lanterne.

Le 29 décembre 1894, il prit donc le train pour Milan. Son père Hermann, ingénieur autodidacte, grand lecteur de Schiller et de Heine, y dirigeait depuis quelques mois, avec son frère Jakob, une petite usine électrochimique qu'il avait pu fonder grâce à l'aide financière de membres de la famille de sa femme, installés à Gênes, le Officine elettrotecniche nazionali Einstein, Garrone et C. À ses parents stupéfaits de tant d'audace, l'adolescent annonça d'un ton ferme qu'il ne remettrait jamais plus les pieds à Munich. Il annulait ainsi toute chance de pouvoir s'inscrire un jour dans une université allemande. Mais, pour les rassurer sur son avenir, il leur certifia qu'avant l'automne il se serait préparé lui-même au concours d'entrée de l'Institut polytechnique de Zurich, une école d'ingénieurs et de professeurs de sciences alors (et toujours) très

1. Certaines institutions savent ne pas être rancunières : le Luitpold-Gymnasium fut détruit pendant la Seconde Guerre mondiale, puis reconstruit et rebaptisé… Albert-Einstein-Gymnasium.

réputée, qui accueillait de nombreux étudiants étrangers. Et il s'y attela, avec détermination, pendant plusieurs mois.

Sa sœur Maja, de deux ans sa cadette[1], raconte que sa façon de travailler détonnait déjà : au milieu du bruit et des discussions, il était capable de se tenir à l'écart sur un coin de canapé, avec du papier et une plume puis, ayant posé son encrier sur l'accoudoir au risque de le renverser, de se plonger avec tant de concentration dans un problème que les conversations autour de lui semblaient l'inspirer plus qu'elles ne le dérangeaient. Il conserverait toute sa vie cette aptitude extraordinaire à être là sans y être tout à fait, à pouvoir réfléchir en toutes circonstances en s'auto-téléportant sans effort particulier dans une sorte d'isolat mental qui le rendait invulnérable à l'agitation alentour. Il pouvait même s'imaginer ailleurs que là où il se trouvait. Bien des années après, un jour de 1915, sa belle-fille Margot, inquiète de ne pas l'avoir vu ressortir de la salle de bains dans laquelle il était entré une heure plus tôt, l'appela d'une voix forte. "Je pensais que j'étais installé à mon bureau", lâcha-t-il en sortant de la pièce. Il avait travaillé tout ce temps assis dans la baignoire. Un demi-siècle plus tard, en 1967, son second fils, Hans-Albert, rapporterait à l'antenne de la BBC ce souvenir qu'il tenait de sa mère : "Les cris de bébé

1. Quand ses parents lui annoncèrent qu'il allait avoir un petit frère ou une petite sœur avec qui il pourrait s'amuser, Einstein comprit les choses de travers, pour une fois : il s'imagina que ses parents allaient lui offrir un cheval de bois à roulettes. Alors, quand il vit pour la première fois sa petite sœur Maja enveloppée dans ses langes, il manifesta sa déception en s'écriant : "Mais où sont les roulettes ?"

les plus stridents ne dérangeaient pas vraiment ton père, me disait-elle. Il continuait à travailler comme si les bruits l'avaient rendu sourd."

Cette capacité à s'émanciper de l'agitation, y compris la plus sonore, à élaborer son propre détachement en toutes circonstances, à ne jamais perdre son fil, est sans doute l'une des conditions de la liberté d'esprit. Elle permet de s'engager sur le chemin solitaire de ce qu'on signalera du dehors comme une "originalité". Elle est aussi, sans doute, le coût du frayage de la création. Mais pour Einstein, ce coût semblait quasi nul.

Certains esprits sont ainsi construits : il semble qu'il n'y ait pour eux aucune corrélation, aucune contradiction entre le tumulte et la concentration[1].

Comme Nietzsche, comme Rilke, en réalité comme beaucoup, Einstein tomba sous le charme de l'Italie. Ses parents habitaient un vaste appartement dans le palais du prince Alberto Trivulzio, où la comtesse Clara Maffei avait tenu salon, où les principaux acteurs de l'unification italienne s'étaient réunis. Il aima d'un coup le tempérament des Italiens,

1. Montaigne en a apporté l'une des plus éloquentes illustrations : "Je rencontrai, il n'y a pas longtemps, l'un des plus savants hommes de France, l'un de ceux qui jouissent d'un sort qui n'est pas médiocre, en train d'étudier dans le coin d'une salle qu'on lui avait enclose de tapisseries ; et autour de lui il y avait un vacarme plein de licence fait par ses valets. Il me déclara – et Sénèque en dit presque autant de lui – qu'il faisait son profit de ce tintamarre, comme si, battu par ce bruit, il se repliait et se resserrait davantage sur lui-même pour la contemplation et si cette tempête de voix refoulait ses pensées au-dedans de lui" (Montaigne, "De l'expérience", in *Les Essais*, adaptation en français moderne par André Lanly, Gallimard, "Quarto", Paris, Livre III, chapitre XIII, p. 1305).

leur naturel, leur hédonisme, leur raffinement. Il se fit rapidement des amis et se laissa vivre pendant quelques mois, visitant musées, églises et galeries d'art, goûtant la musique et les chansons qui résonnaient à chaque coin de rue. Il découvrait "le pays à sensations" qu'affectionnait tant Stendhal... À pied ou à vélo, Einstein randonnait régulièrement à travers les Apennins et l'Ombrie. Sa famille était unanime : il se métamorphosait. "La façon de vivre des Italiens, écrivit sa sœur, les paysages, l'art, tout l'attirait et fut plus tard, dans l'éloignement, objet de nostalgie[1]." Un angle du cœur s'était éclairé.

Albert s'ouvrait d'autant plus qu'il pouvait discuter quotidiennement avec l'un de ceux qui l'avaient éveillé à la beauté des mathématiques lorsqu'il était enfant : son oncle paternel Jakob, brillant ingénieur diplômé de l'école polytechnique de Stuttgart, qui lui posait régulièrement des "devinettes" mathématiques. Quand il trouvait la solution, le jeune Albert poussait des cris semblables à ceux d'un footballeur qui vient de marquer un but. Albert pouvait aussi consulter les revues d'électrotechnique auxquelles Jakob était abonné. En cette période où l'éclairage électrique s'intensifiait dans les villes d'Europe, en Italie notamment, un sujet le fascinait tout particulièrement : les ondes électromagnétiques, constitutives de la lumière, qui avaient été mises en évidence par l'Allemand Heinrich Hertz, en 1888, dix ans après leur prédiction théorique par l'Écossais James Clerk Maxwell. Leur caractère énigmatique polarisait

1. Maja Einstein-Winteler, *La Jeunesse d'Einstein* (1879-1901), traduction de Marie Artaud et Jean-François de Sauverzac, in *Albert Einstein*, Seuil/CNRS, "Sources du savoir", Paris, 1989, p. 14.

l'esprit du jeune homme, qui élaborait à leur propos une succession de phrases interrogatives. Un exemple : "Un champ magnétique extérieur pourrait-il modifier la vitesse de propagation de ces ondes dans l'espace ?"

Sans doute Einstein a-t-il amorcé là la longue quête personnelle qui serait celle de toute sa vie, avec toute la force que l'adolescence peut mettre dans une passion.

En juin 1895, quelques mois après son arrivée à Milan, il adressait à son oncle maternel César Koch, ingénieur lui aussi, installé à Stuttgart, un mémoire de cinq pages intitulé *Sur l'état présent des recherches à propos de l'éther dans les champs magnétiques*[1], rédigé en allemand gothique sur des feuilles d'écolier. Einstein, qui n'avait encore que quinze ans, y énumérait les sujets de recherche qu'il voulait explorer au cours de sa vie. Tous avaient trait à la propagation de la lumière dans l'espace. L'une de ses questions préfigure, sous une forme moins incarnée, celle qu'il formulera un an plus tard à Aarau, lorsqu'il s'imaginera à cheval sur un rayon de lumière : qu'adviendrait-il si de la lumière émettait de la lumière ? Question qui en ouvre d'autres : quelle serait la vitesse de l'onde émise ? Pourrait-elle aller plus vite que la lumière émettrice ? Mais alors, de la lumière irait plus vite que la lumière ? Et que se passerait-il si la lumière émise émettait à son tour de la lumière ? Ne pourrait-on ainsi construire un escalier cinématique vers l'infini ? Questions incroyables, étonnantes, en ce

1. *The Collected Papers of Albert Einstein*, vol. 1 : *The Early Years, 1879-1902*, doc. 5 (sous la direction de John Stachel), Princeton University Press, Princeton, 1987.

qu'elles supposent chez celui qui les formule à la fois une âme d'enfant et un cerveau d'adulte. Chez Einstein, jamais les connaissances acquises, notamment à propos de la façon dont les physiciens pensent et décrivent la lumière, ne saturent ni n'épuisent le questionnement. Au contraire, elles l'activent.

Dix ans plus tard, Einstein serait en mesure de répondre aux questions de son adolescence, présences fantomales, ombres obsédantes, annonciations de ses œuvres futures. Le vrai génie est affaire de fulgurances autant que de patience. La clarté finale ne s'éveille qu'après de longs errements, d'indispensables détours, des monomanies apparemment infructueuses, à l'issue desquels, finalement, d'un seul coup ou presque, tout change.

Einstein aimait par-dessus tout la réflexion, pour sa volupté, pour la joie qu'elle lui procurait. Il était de ceux qui détectent et apprécient l'érotisme des problèmes : créer des concepts, aiguiser un style, trouer la pensée, soumettre à nos songes la nature qui nous entoure, voilà d'abord le travail. C'est aussi une fête : non pas une affaire de lampions, mais d'impétuosité, parfois d'insurrection dans la pensée.

Mais qu'est-ce au juste que la réflexion ? Laissons parler la langue : dans *réflexion*, il y a ce *re*, puis cette *flexion*, évoquant justement le trajet d'un rayon lumineux qui surgit de quelque part, tombe sur une surface et rebondit. Il y a bien ce double trajet dans tout mouvement réflexif : il s'agit de *réfléchir sur, ou à propos de*, mais aussi de laisser la pensée *rebondir sur elle-même*. Cette dynamique peut conduire à des idées nouvelles, très différentes de celles dont on était parti. Or, c'est précisément de ces contrepoints ou contrepieds, de ces décalages, de ces changements de perspective qu'Einstein nourrissait toutes ses méditations. Ce processus ne pouvait pas avoir de fin, car il n'existe pas de pensée qui extermine le pouvoir de penser ou neutralise la virtualité de l'esprit.

Mais nul ne vit jamais longtemps en lévitation existentielle dans la seule joie de penser. Où que vous soyez, un morceau de réalité massive n'est jamais bien loin, qui finit par vous rattraper. À moyen terme, une échéance menaçait : à l'époque, passé l'âge de dix-sept ans, tout citoyen allemand résidant hors de son pays et ne se présentant pas pour effectuer son service militaire était considéré comme déserteur. Se retrouver dans un an sous les drapeaux ? marcher au pas ? ramper dans la boue ? tirer au fusil ? obéir à des ordres vociférés ? Tout cela, après avoir fui la discipline germanique…

C'est au cours d'une randonnée à bicyclette dans la région de Genève qu'Einstein prit la seule décision possible, celle d'abandonner la nationalité allemande. Dans la foulée, le mineur qu'il était encore demanda à son père d'accomplir la démarche officielle.

Durant quelques années, il serait un homme sans patrie, un apatride, un déraciné ; il serait seulement "fils de parents allemands".

Le 8 octobre 1895, il se présenta au concours d'entrée de l'Institut polytechnique de Zurich, avec la tranquillité de la panthère qui attend son heure. Il n'avait que seize ans, deux ans de moins que l'âge d'admission courant. Il échoua à cause de mauvaises notes dans les disciplines qu'il n'aimait pas, l'histoire, les langues étrangères, la botanique, la zoologie dont l'apprentissage se fondait sur une mémorisation sans faille. Cependant, ses dons et ses connaissances en mathématiques et en physique furent remarqués par les examinateurs, qui l'invitèrent à se représenter l'année suivante, à la condition qu'il se perfectionnât dans les autres matières. C'est sur le conseil du directeur de l'Institut, Albin Herzog, et du professeur de physique générale, Heinrich Weber, qu'il se rendit à Aarau pour s'inscrire à l'école cantonale et y obtenir sa "maturité", l'équivalent suisse du baccalauréat.

Munich, Milan, Aarau : trois villes qui, chacune à sa manière, marquèrent la destinée d'Einstein. Sur une mappemonde, elles déterminent un triangle courbé, presque équilatéral, d'environ trois cents kilomètres de côté.

4

AARAU ET LA VIE EN ROSE

Ah ! Jeunesse… jeunesse ! […]
Passez-moi la bouteille.

JOSEPH CONRAD

L'école cantonale d'Aarau fut la première école laïque de Suisse. Construite au début du XIXe siècle, elle est toujours en activité, 91, Bahnhofstrasse, tout près de la gare[1]. Le bâtiment principal est impressionnant, avec ses pignons à étages et ses grandes fresques sous les avant-toits ; sur sa façade de pierres, des incrustations en céramique. Un aigle à l'allure peu martiale culmine au-dessus de la porte principale, près de s'envoler.

Casque sous le bras, les cheveux dégoulinants, j'y entrai comme dans un moulin au beau milieu de l'après-midi, alors qu'en France sévissait un plan Vigipirate "renforcé" qui semble être devenu son état stationnaire. Pressé par je ne sais quelle impatience,

1. L'intérêt d'Einstein pour les gares, les trains, les horaires, le temps, aurait-il été influencé par l'adresse de sa maison natale à Ulm, 20, Bahnhofstrasse ? La rue où est située l'école d'Aarau porte le même nom.

je montai aussitôt au premier étage, puis arpentai le long couloir rythmé par les portes des salles de classe. Pour la toute première fois, je me trouvais en un lieu qu'Einstein avait assidûment fréquenté. Je croyais entendre l'écho de ses pas. Une hallucination, sans aucun doute, mais je percevais quelque chose, des ondes éparses et très faibles qui agitaient encore le présent du lieu. Différentes strates de temps pourraient-elles coïncider en un même espace ? S'enchevêtrer, légères et transparentes, au sein d'une sorte d'éther n'ayant rien à voir avec celui qu'on respire ? Un éther *modianien* ?

Cette école proposait un enseignement libéral, fondé sur les idées qu'un pédagogue suisse, Johann Pestalozzi, avait développées dans un livre, *Comment Gertrude instruit ses enfants*. Son credo ? L'apprentissage ne peut se faire que dans la joie. Et surtout sans hâte. Car lorsqu'elle se précipite, la pensée n'est plus disponible pour la clarté. Il s'agissait de susciter chez les élèves un enthousiasme calme, sans tension corporelle, en discutant de manière réfléchie ce que le professeur avançait ; de les encourager à penser par eux-mêmes, à se risquer, quitte à se tromper, car les erreurs ne sont pas des fautes morales, mais le combustible même de la formation : repérées puis réparées, corrigées, elles permettent de passer de l'incompris au compris.

À Aarau, même les mathématiques étaient enseignées de façon originale : les élèves commençaient par observer des objets et faisaient ensuite appel à leur imagination pour élaborer des concepts abstraits pouvant s'y appliquer. Une manière proche de celle que le grand mathématicien Alexandre Grothendieck développerait un demi-siècle plus tard :

> Grothendieck a introduit une nouvelle manière de penser, importante non seulement pour les mathématiciens, mais pour toute la pensée humaine. C'est une manière de penser où l'on commence par rassembler les choses simples, les choses absolument évidentes. Pour lui, le plus important était toujours quelque chose que l'on a sous les yeux. Et son génie consistait en partie à saisir le potentiel créatif de ces choses absolument évidentes, que n'importe qui d'autre aurait négligé. Alors que lui s'arrêtait à cela, le formalisait et en faisait quelque chose d'extraordinaire[1].

Einstein et Grothendieck sont sans doute cousins par le fait qu'ils savaient aborder les questions les plus complexes avec un regard juvénile et une profondeur obstinée. Ils contemplaient, simplement, s'imprégnaient des choses vues, retournaient à l'émotion que suscite le moindre objet réel, et en éprouvaient la volupté, l'individualité. Les idées leur venaient du premier monde, celui des sensations, des perceptions, de l'expérience, pour s'élever ensuite dans le ciel des concepts, dont ils pouvaient redescendre avant d'y monter à nouveau. Choses vues donc, idées, visions, tout se combinait et se modifiait réciproquement pour former un système de forces intérieures qui dynamisaient leur réflexion. Autre point commun, le besoin, en toutes circonstances, de se sentir libres, inaliénables. Une

1. Phrase de Misha Gromov, prix Abel 2009, rapportée par Philippe Pajot dans son article "Alexandre Grothendieck, à la recherche de la généralité maximale", *La Recherche*, n° 486, avril 2014, p. 34.

fonction officielle ou un titre, des codes ou une simple étiquette, tout cela les rendait prisonniers.

Ainsi, Johann Pestalozzi fit grand bien à ce garçon très malin et rétif à toute forme d'autorité qu'était Albert. Enfin lui accordait-on le droit d'aborder les problèmes à sa manière, de suivre sa pensée. Et son bulletin scolaire daté du 3 octobre 1896, le seul qui ait été conservé et que j'ai pu consulter dans le bureau du proviseur, en témoigne : il obtint d'excellentes notes (5/6 ou 6/6) dans toutes les disciplines, à l'exception du français (3/6) et de la géographie (4/6). Les questions de pays, de territoires, de langues, de frontières ne le préoccupaient guère.

Dans la cage d'escalier du lycée, un buste d'Einstein est posé sur une colonne. Il le montre beaucoup plus âgé qu'à l'époque, en hommage confus, peut-être, à la dilatation des durées, à moins que le sculpteur, plus conventionnel, n'ait simplement voulu qu'il fût reconnaissable par tous.

C'était donc là, en Argovie, loin de son Allemagne natale, au milieu des montagnes douces, que l'Épiphanie avait eu lieu, que sa candide maîtrise avait pu se donner libre cours, qu'il avait enfin pris goût à l'école[1].

Et je songeai, non à l'aigle, mais à l'albatros, près de déployer ses ailes de géant.

À aucun moment de sa vie Einstein n'a été occupé par la question du bonheur tel qu'on l'entend

1. Einstein écrirait : "Le lycée d'Aarau m'a laissé un souvenir indélébile à cause de son esprit libéral et de la sollicitude sincère de ses professeurs, qui ne s'appuyaient jamais sur une autorité extérieure." (Lettre affichée dans le lycée.)

d'ordinaire : "Je n'ai jamais considéré le plaisir et le bonheur comme une fin en soi et j'abandonne ce type de jouissance aux individus réduits à des instincts de groupe[1]." On croirait entendre *Zarathoustra* : "Est-ce donc vers le bonheur que je m'*efforce* ? Je m'*efforce* vers mon œuvre."

Il dira toutefois avoir été heureux à Aarau, "cette oasis inoubliable située en Suisse, qui est elle-même l'oasis de l'Europe". Sur la photo de classe, il pose cravaté, une main dans la poche, et il est déjà moustachu. C'est lui le plus décontracté des neuf.

Ornithologue de formation, Jost Winteler, le directeur du lycée de ce havre de tranquillité, était un personnage haut en couleur. Curieux de tout, poète à ses heures, il professait aussi bien l'histoire que le grec ancien et la philosophie. Surtout, il discutait librement avec les lycéens de sujets controversés, y compris de politique, quand l'Allemagne réduisait les établissements scolaires au mutisme.

Il était aussi féru de longues randonnées dans les montagnes avoisinantes. Chaque week-end ou presque, il partait en compagnie d'un groupe d'élèves ou de quelques-uns de ses sept enfants, quatre garçons et trois filles. La petite troupe allait guetter les oiseaux rares, lagopèdes alpins et autres venturons montagnards, au milieu des jacinthes, des renoncules, des saxifrages et des rhododendrons, dans un silence seulement troublé par les voix étouffées, le bourdonnement des insectes et les cloches des vaches. Un jour, ils firent même une excursion de

1. Albert Einstein, *Comment je vois le monde*, traduction de Maurice Solovine et Régis Hanrion, Flammarion, "Champs", Paris, 1979, p. 9.

trois jours pendant laquelle ils atteignirent le sommet du mont Säntis qui culmine à deux mille cinq cent quatre mètres, au-dessus de Saint-Gall.

Jost Winteler joua un rôle très important dans l'existence d'Einstein, presque celui d'un père symbolique. Il lui donna ce goût des promenades alpestres qui deviendraient pour lui une grande source d'inspiration. Lorsqu'on marche sur un sentier, l'esprit s'aère, se rassemble, s'apaise, se pose, parfois bifurque, et découvre alors des paysages insoupçonnés.

Logé au domicile même des Winteler, Einstein fut vite considéré comme un membre de la famille à part entière. La réciproque était vraie : il ne tarda pas à appeler ses hôtes "papa Winteler" et "maman Winteler" (d'autant plus facilement qu'elle portait le même prénom – Pauline – que sa propre mère). Ils habitaient une grande maison aux murs roses située juste en face du lycée.

Je sortis de l'établissement par la grande porte. La pluie battait toujours, mais je repérai immédiatement la demeure. Ses murs n'avaient pas changé de couleur et sa façade arborait une plaque de marbre aussi fière qu'un altimètre au sommet du mont Blanc :

In diesem Hause Wohnte
1895/96 als Kantonsschüler
ALBERT EINSTEIN
1879-1955
der berühmte Physiker

Ces maigres indications ne disent pas que ces murs abritèrent aussi le premier amour d'Einstein : la jeune fille s'appelait Marie, Marie Winteler. Elle avait dix-huit ans, des morceaux de printemps chantaient sur son visage, et elle était bien sûr la fille de son père. Albert et Marie jouaient de la musique ensemble, elle au piano, lui au violon. Lui ne se séparait guère de l'instrument que sa mère, pianiste, lui avait offert à l'âge de six ans. Pendant plusieurs années, un professeur lui avait appris à en jouer comme si la musique n'était qu'un jeu mécanique. Il avait évidemment rechigné à chaque leçon. Mais tout avait soudain changé lorsque, âgé de quatorze ans, il avait découvert les sonates de Bach et de Mozart : la musique n'était plus simple affaire de technique, mais devenait source d'émotion et d'inspiration, une sorte d'accord enfin trouvé entre le monde extérieur et le monde intérieur. "Je pense souvent en musique, confierait-il plus tard. Je vis mes rêveries en musique. Je vois ma vie en termes de musique. Le violon est l'une des plus grandes joies de ma vie[1]."

Lorsqu'ils partaient en promenade avec les autres, les deux amoureux se tenaient à l'écart et la main. Très vite, ils se jurèrent un amour éternel. "Pour mon âme, écrivit Albert à Marie, tu représentes davantage que ce que le monde entier m'a jamais offert."

La jeune fille était certes le camp de base de ses rêves, mais pas le seul objet de ses pensées. À la fin de l'année scolaire, dans un devoir de français dont j'ai pu voir l'original corrigé à l'encre rouge dans une vitrine du lycée, il rédigea ces lignes, qui montrent la conscience qu'il avait déjà de sa trajectoire future, et même de la courbure de sa destinée :

1. Interview de G. S. Viereck, "What Life Means to Einstein", *Saturday Evening Post*, 26 octobre 1929.

> Si j'avais le bonheur de passer heureusement mes examens, j'irai *[sic]* à l'école polytechnique de Zurich. J'y resterais quatre ans pour étudier les mathématiques et la physique. Je m'imagine de devenir professeur dans ces branches de la science de la nature en choisissant la partie théorique de ces sciences. [...] C'est tout naturel : on aime toujours faire les choses pour lesquelles on a le talent. Puis c'est aussi une certaine indépendance de la profession scientifique qui me plaît beaucoup[1].

Comprendre ce qui se passe dans l'univers qui tourne indépendamment de nous autres humains, voilà ce qui l'intéressait par-dessus tout. Une quête que les débordements émotionnels et les sentiments trop intimes peuvent entraver. Aussi veillerait-il à ne jamais trop s'engager, sauf en amitié. Quand on regarde attentivement certaines photos, par exemple celles où Einstein marche paisiblement au côté de son ami Kurt Gödel ou de John von Neumann dans le parc de l'université Princeton, la complicité est palpable. Cependant, le volume d'air entre les silhouettes me semble toujours figurer une séparation, comme s'il était continuellement fendu à coups de sabre.

Einstein associait la recherche en physique à l'espoir d'une véritable libération vis-à-vis du monde humain et de ses préoccupations ordinaires. Au soir de sa vie, revenant sur son long parcours de chercheur, il expliquerait sa motivation inoxydable et son entêtement de mulet par un besoin irrésistible

1. Essai reproduit *in* Abraham Pais, *Subtle Is the Lord, The Science and the Life of Albert Einstein*, Oxford University Press, Oxford, 1982, p. 42-43.

“de s’évader hors de la vie quotidienne, de sa douloureuse grossièreté et de sa désolante monotonie[1]”. Toute théorie de la connaissance digne de ce nom se doit de distinguer ce qui relève du “moi” et du “non-moi”, pour reprendre les termes théorisés par Johann Fichte dans *La Doctrine de la science*, c’est-à-dire de préciser par où passe la séparation entre le monde intérieur du sujet et le monde extérieur. Celles qui privilégient le moi – quels que soient les contours qu’on donne à ce mot ambigu – mettent plutôt en avant les sensations du sujet, ses perceptions, son imagination, ses impressions, et souvent s’en contentent. Celles qui privilégient au contraire le non-moi s’appuient sur des notions plus abstraites, sans rapport direct avec les impressions sensorielles, par exemple sur des nombres, des structures logiques, des relations, des formules mathématiques, des équations, en un mot sur les moyens d’expression des sciences exactes. Dans ce second cas, les images de l’univers qu’on construit correspondent à un monde réduit, incomplet, privé notamment de couleurs, d’odeurs et de sons. Mais ces images ont un avantage sur toutes les autres : elles peuvent être transmises, de façon objective, d’une personne à une autre personne. Tout le monde s’accorde à dire que l’eau gèle plus facilement que le mercure, ou que le fer est plus dense que le bois. Ces vérités-là ne sont affaires ni de culture, ni de psychologie, ni d’intelligence, ni de nationalité, ni de religion. Prenant racine en dehors du sujet et s’imposant de la même façon à tous,

1. Albert Einstein, *Autoportrait*, InterÉditions, Paris, 1980, p. 86.

elles sont indépendantes des sympathies du cœur, ce qui les rend plus aisément partageables[1].

Que les intellects puissent ainsi devenir frères et communier dans la connaissance de ce qui est objectivable ; que le moi, par sa propre activité réflexive, partant des sensations puis faisant usage de la raison et de l'imagination, puisse accéder à certaines vérités extérieures à lui, voilà ce que le jeune Einstein a compris avec émerveillement sur les bords de l'Aar, au moment même où la physique entrait en ébullition et passionnait la presse. L'Allemand Wilhelm Röntgen mettait tout juste en évidence les rayons X alors qu'il étudiait les "rayons cathodiques" produits par des décharges électriques dans des gaz ; quelques mois plus tard, en mars 1896, le Français Henri Becquerel découvrait des radiations capables de "traverser du papier opaque à la lumière", signes avant-coureurs de toute une gamme de phénomènes que Marie Curie rassemblerait sous le terme de "radioactivité" ; de son côté, l'Anglais Joseph Thomson avait identifié des "rayons d'électricité négative"

1. Einstein gardera cette conviction toute sa vie. Elle explique en grande partie les réserves qu'il formula à l'encontre de l'interprétation orthodoxe de la physique quantique, qui, à ses yeux, fait intervenir de façon trop explicite l'observateur. En 1930, il rencontra à Berlin, pour la première fois, Rabindranath Tagore. Leur entretien, publié dans le *New York Times*, éclaire parfaitement sa position : "Il existe deux conceptions différentes de la nature de l'univers, déclare Einstein ; le monde comme unité dépendante de l'humanité et le monde comme réalité indépendante du facteur humain ; je crois à la seconde conception ; je ne peux pas prouver qu'elle est juste, mais telle est ma religion." À quoi Tagore répond : "Ce monde est humain – de même la vision scientifique appartient-elle à l'homme de science ; par conséquent, il n'existe pas de monde en dehors de nous."

auxquels on donna le nom d'"électrons". Le monde physique se peuplait d'énergie et de rayons obscurs, d'électricité et de magnétisme, de tubes à vide, de dynamos et d'ampoules de Crookes, et tous ces surgissements stimulaient l'imaginaire de l'adolescent.

Après l'obtention, haut la main, de sa maturité, Einstein repassa avec succès l'examen d'entrée à l'Institut polytechnique de Zurich. Malgré une confusion entre nombres imaginaires et nombres irrationnels, il obtint la plus haute note en mathématiques et, sans surprise, en physique : mesurées dans le référentiel de la salle d'examen, soixante-quinze minutes lui avaient suffi pour rendre sa copie alors que l'épreuve durait deux heures. Cette contraction de la durée ne saurait s'interpréter comme un effet anticipé de sa future théorie de la relativité. Disons plutôt que le garçon était bougrement doué.

Dès l'annonce de son admission, en juillet 1897, dans la section VI-A destinée à la formation des professeurs de mathématiques et de physique, Einstein quitta Aarau pour Zurich. Bientôt, il cessa d'écrire à Marie, sans avoir pris le soin de la ménager ni de la prévenir de son revirement. Il se contenta d'envoyer une lettre à la mère de la jeune fille, Pauline Winteler, dans laquelle il exprimait sa peine et déclarait qu'"un travail ardu et l'étude de la Nature créée par Dieu" seraient dorénavant "les anges conciliants, fortifiants et pourtant implacablement austères" qui le guideraient à travers "toutes les difficultés de la vie[1]".

1. Lettre d'Albert Einstein à Pauline Winteler, 30 novembre 1897, reproduite in *The Collected Papers of Albert Einstein*, vol. 1 : *The Early Years, 1879-1902*, *op. cit.*, n° 34.

L'éternité promise à l'être aimé, à la fin, c'est parfois très court. À dix-huit ans, Einstein savait-il déjà que rien ne pourrait jamais le détourner de la voie qu'il avait choisie ?

Il était tard, j'avais froid, et il devenait urgent que je trouve une chambre où dormir. Je tombai sur le Gasthof zum Schützen et y tentai ma chance. Je fis chou blanc, mais dînai là d'un succulent chou vert braisé aux saucisses, tandis que la réceptionniste, fort aimable et impressionnée par mon état, appelait ses collègues des autres hôtels en quête d'une *Zimmer* disponible. J'atterris sur le coup de 23 heures à l'Aarauerhof, situé à deux tours de roue de la gare.

Là, enfin propre, enfin sec, je me glissai sous une couette épaisse. D'avoir longuement roulé, quelque chose en moi avait changé, jusque dans la chimie de mon cerveau : légèreté nouvelle, apaisante, du corps et de l'esprit. J'avais envie de relire *Comment je vois le monde*. Einstein y suggère que les intellectuels du monde entier forment une instance supranationale capable de rapprocher les peuples. Et ce mépris des frontières ne le quitterait jamais. Il a publié ces textes en 1934, mais j'avais l'impression qu'il observait le monde d'aujourd'hui – totalitarisme, Palestine, sionisme, guerre et pacifisme – et la physique bien sûr. De deux choses l'une, me dis-je : ou Einstein ne fait qu'énoncer des vérités de toujours ; ou il se montre visionnaire, capable d'associer le présent et le futur dans un même horizon. “Si quelque raison peut pousser un profane en science économique à donner courageusement son opinion sur les difficultés économiques angoissantes de notre époque, écrit-il, c'est assurément la confusion désespérante des diagnostics établis par les spécialistes[1].” Il propose de “diminuer la durée du temps de travail, de réguler les stocks de monnaie en circulation et les volumes des crédits”, ou encore de “limiter légalement le prix des marchandises qui, à cause des monopoles et des cartels, se dérobent de fait aux lois de la libre concurrence[2]”. En somme, au lendemain de la crise de 1929, il demande à la puissance étatique la mise en place d’une régulation qui garantisse les possibilités d’une concurrence équitable… Son propos continue de faire mouche.

1. Albert Einstein, *Comment je vois le monde*, *op. cit.*, p. 79.
2. *Ibid.*, p. 84.

5

DEUX HEURES À METTMENSTETTEN, ÉTERNITÉ COMPRISE

Le temps est une étoffe qu'il faut travailler, coudre et découdre ; il faut aller profond dedans, avec les mains, l'aérer, le renverser et l'ouvrir.

VALÈRE NOVARINA

Le lendemain matin, je découvrais la vue de ma chambre d'hôtel : le soleil était une perle baroque dans la brume plombagine qui se levait paresseusement derrière les montagnes basses – image cendrarsienne. Le bulletin météorologique de la veille avait annoncé qu'elle se dissiperait vite. Obéissant aux équations de Navier-Stokes, elles-mêmes contraintes par les bonnes conditions aux limites[1], la brume finit par se plier à cette prédiction. Toute la contrée fut alors agrandie par la netteté de l'air et un froid paisible.

1. Les équations de Navier-Stokes sont les équations différentielles de la mécanique des fluides. Elles régissent de nombreux phénomènes, tels les mouvements des masses d'air de l'atmosphère ou l'écoulement de l'eau dans un tuyau.

"Tout bonheur commence par un petit-déjeuner tranquille", disait William Somerset Maugham (lequel affirme ailleurs que "la faculté de citer est un substitut commode à l'intelligence…"). Surtout si ce petit-déjeuner est alémanique, ajouterai-je. Je tenais à prendre le mien au restaurant Einstein *[sic]* situé dans la même rue. Il faut toujours aller au bout des choses, n'est-ce pas ? Et ne pas craindre le ridicule.

Dans le hall d'entrée, je tombai nez à nez avec une statue d'Einstein debout, à l'échelle un et me tendant la carte, à laquelle je faillis dire *"Grüezi !"* – mot qui signifie bonjour en *Schwitzerdütsch* et dont on m'avait appris la veille qu'il transcende les différences dialectales entre les cantons. L'endroit était spacieux, élégant, épuré. Sur l'un des murs, soixante-dix bouteilles de grands crus, accrochées à intervalles réguliers, de bas en haut et sur toute la longueur, formaient une jolie matrice rectangulaire 7 × 10 dont chacun des coefficients, qu'il fût rouge ou blanc, devrait être, ma foi, bon à boire.

Avec son bol systématique de *Birchermüesli*, le *Frühstück* local est un dopage physique et mental, une puissance contenue qui délivre dans l'organisme un kilowattheure au bas mot, soit assez d'énergie pour escalader l'aiguille Verte en sautillant. Ses effets quasi immédiats vous font soudain regarder avec gourmandise votre vélo garé sur le trottoir. Il devient thermodynamiquement impératif de l'enfourcher et de le propulser à vive allure, les calories ingurgitées n'aspirant plus qu'à se transformer séance tenante en énergie cinétique.

N'étant pas un photon, rien ne m'obligeait à suivre une géodésique de l'espace-temps pour rejoindre Zurich et son lac. Je choisis donc de faire un détour par Mettmenstetten, un petit village du district d'Affoltern où Einstein a passé avec sa mère et sa sœur Maja une partie de l'été 1899. Il avait tout juste vingt ans et s'apprêtait à entrer en troisième année d'études d'ingénieur à Zurich. Quarante kilomètres à parcourir sous une belle lumière, en traversant tous les verts possibles (je ne savais pas qu'il en existait tant), des paysages régénérés et comme immaculés (mais comment les Suisses font-ils ? Avec quels produits lavent-ils si bien leur monde ?). Moins de deux heures après mon départ, j'arrivai à destination en sifflotant *À bicyclette* d'Yves Montand. Ne manquait que Paulette.

Les Einstein avaient résidé à l'hôtel du Paradis, dont je n'avais pas pris soin de vérifier avant de partir s'il existait encore. Heureusement, très vite je tombai sur un panneau indiquant *Wohnheim Paradis*. Au sommet d'une côte très raide, intégralement montée en danseuse avec une fréquence cardiaque de lapin de garenne, j'atteignis un grand bâtiment situé à flanc de colline. L'hôtel était devenu un centre aéré pour enfants, avec toboggans et balançoires. Le site offrait une vue majestueuse et imprenable sur le lac de Zoug et l'ancienne vallée glaciaire qu'il occupe.

Le lieu était désert, toutes portes closes. Sans doute parce que c'était le week-end. Je fus étonné de ne trouver nulle trace du passage d'Albert, aucun indice, pas même une plaque commémorative. Il avait séjourné là, c'est certain, pourtant rien n'en était plus perceptible. L'endroit avait effacé une partie de son propre passé, créant en moi une sensation de liens tranchés net, presque de vide.

Impression étrange, vertigineuse même : où va donc le présent quand il devient passé ? Où est le passé lorsque plus rien ne le manifeste ? Les questions d'ordre spatial à propos du temps provoquent toujours une sorte d'embarras intellectuel. En associant des catégories d'habitude séparées, elles sonnent comme des provocations topologiques. On n'y répond que de façon évasive, en accordant au passé une ontologie flottante, ambivalente, à mi-chemin entre réalité et irréalité. Le passé serait irréel dans la mesure où il est littéralement déconnecté du présent, qui occupe le seul site où réside la réalité : le passé serait par essence *trépassé*, immédiatement déclassé par ce qui lui a succédé. Mais le fait d'avoir été présent et d'avoir occupé une fois le site où réside la réalité ne rend-il pas au contraire le passé à tout jamais réel, même si la mémoire qui le conserve tant bien que mal et les documents qui attestent qu'il fut un jour présent finissent par disparaître ? Ne suffit-il pas au réel d'avoir été réel une fois pour l'être à jamais, même lorsque, le temps ayant passé, il a été mis hors jeu de la réalité présente ? Ainsi parvient-on à dire du passé qu'il s'est littéralement néantisé et qu'il est définitivement immortel. Joli ressort dialectique...

Sans crier gare, dans le silence de Mettmenstetten, la question du temps, dont je croyais pourtant m'être débarrassé en écrivant *Les Tactiques de Chronos* puis *Le facteur temps ne sonne jamais deux fois*, resurgissait. Mais sous un jour intégralement neuf. Me serais-je trompé ? Aurais-je attaqué le problème par un mauvais côté ? En un instant, que je pourrais dire d'éternité, je compris que la façon dont la physique s'était approprié le temps reposait peut-être sur un hasard sémantique. Un simple choix de mot, à la fois contingent et arbitraire.

En juin 1990, un inquiétant diagnostic médical avait disposé une épée de Damoclès au-dessus de ma tête. Elle y demeura près de trois mois, au terme desquels une opération chirurgicale put m'en débarrasser. Durant cette période, mon rapport au temps se trouva bouleversé sans que je m'en rendisse d'abord compte. Au lieu de vivre tel un cyber-Gédéon, de saturer mon agenda, de me donner intensément à l'à-venir, je m'étais concentré sur ce que je sentais devoir faire – en l'occurrence écrire ce qui devint mon premier livre – tout en souscrivant, de temps à autre, à une délicieuse diététique de l'instant qui passe : tout, quasiment tout, jusqu'à la simple présence des choses les plus ordinaires, faisait événement à mes yeux.

Une expérience aussi singulière ne pouvait que me conduire à interroger, après coup, la nature du temps, cette sorte de fluide dont nous répétons qu'il transporte tous les objets, altère les êtres et les choses, ronge jusqu'aux roches les plus dures, améliore parfois les sociétés et plus souvent les vins : est-il comme notre langage le raconte ? comme nous croyons le percevoir ou le vivre ? comme le décrivent les physiciens ? Questions qu'Einstein s'était bien sûr posées longtemps avant moi, jusqu'à l'obsession. Je pris pleinement conscience de la gravité d'un paradoxe qui, depuis, n'a cessé de m'agiter : alors que le mot "temps" ne donne lieu à aucune difficulté quand il est engagé dans le train rapide d'une phrase ordinaire, il devient très embarrassant dès qu'on le retire de la circulation pour l'examiner ; sitôt isolé des mots qui l'entourent, extrait du flux verbal où on l'a placé, il se change en énigme et devient un tourment terrible de la pensée. Qu'est-ce au juste que le temps ? Une substance particulière ? Existe-t-il par lui-même ? Dépend-il de nous ? Est-il un produit de la conscience ? Questions d'autant plus difficiles à discuter que notre pensée du temps est grandement tributaire du rapport que nous entretenons avec lui, et par là même victime d'abus de langage : "Nous avons bien peu de locutions justes, beaucoup d'inexactes", disait déjà saint Augustin dans *Les Confessions*. La polysémie du mot temps s'est même tellement déployée au fil des siècles qu'il sert désormais à désigner tout aussi bien la succession, la simultanéité, la durée, le changement, le devenir, l'urgence, l'attente, l'usure, la vitesse, le vieillissement, et même l'argent ou la mort… Cela fait à l'évidence trop pour un seul mot. Profitant de la disponibilité d'esprit qu'offrait la convalescence de mon corps, l'idée d'un décrassage sémantique s'était imposée à moi.

Mais comment l'opérer ? À partir de quelle base ? J'avais alors considéré que la physique, si efficace depuis qu'elle s'était mathématiquement saisie du temps en en faisant un paramètre de ses équations, permettrait de procéder à un "nettoyage de la situation verbale", pour reprendre les mots de Paul Valéry. C'est pourquoi j'ai passé les longues années qui suivirent à tenter de déchiffrer et traduire ce que les équations les plus fondamentales de la physique diraient du temps si elles pouvaient (en) parler, ce qui m'amena à lire de près les travaux du père de la relativité. Mais là, sur les hauteurs de ce petit village de Mettmenstetten, entre ces balançoires et ces toboggans colorés qui contrastaient sur le ciel limpide, lavé par la pluie de la veille, je fus pris d'un doute. D'un doute aussi terrible que soudain, à propos des mots avec lesquels s'est dite la révolution newtonienne. Et l'absence de traces d'Einstein y était pour quelque chose.

Chacun sait que c'est Newton qui a introduit en physique la variable *t* dans les équations de la dynamique et qu'il a choisi de la baptiser "temps". Mais pour la première fois, je me demandai par quel cheminement intellectuel et en vertu de quelle conception préalable du temps il avait fait ce choix. À partir de quelles connaissances avait-il pu *re-connaître* le temps sous les traits d'un être mathématique aussi rachitique ? En toute logique, il aurait dû le nommer autrement, puisque ce temps physique, qu'il inventait, ne ressemble en rien à ce que nous associons d'ordinaire au mot temps. Il n'a même aucune des propriétés que nous attribuons spontanément à l'idée de temps : dématérialisé, abstrait, ce temps *t* n'a pas de vitesse d'écoulement ; il n'a pas non plus les caractéristiques des phénomènes temporels qui se déroulent en son sein, alors même que nous parlons du temps comme s'il se confondait avec eux ; il ne change pas au cours du temps sa façon d'être le temps, c'est-à-dire qu'il ne dépend pas de lui-même… S'agit-il là du vrai temps, ou seulement d'un temps amaigri ou incomplet ? Voire de tout à fait autre chose ?

D'où cette seconde question, vertigineuse, oui, car en forme de raisonnement contrefactuel, que je ne m'étais jusqu'alors jamais posée : que se serait-il passé si Newton avait choisi d'appeler "truc" – plus exactement *"trick"* en bon anglais – la variable *t* ? Aurait-on jamais songé à interroger les physiciens sur leur conception du temps ? Ils se seraient contentés d'organiser des colloques en cercles fermés à propos de ce "truc" ou *"trick"* apparu au XVIIe siècle dans le champ de la physique ; de leur côté, les philosophes, historiens, sociologues, psychanalystes et autres auraient continué de débattre de la notion de temps sans avoir à se soucier des découvertes des physiciens... Et de la théorie de la relativité restreinte, nous dirions qu'elle a révolutionné non pas notre conception du temps, mais celle que les physiciens se faisaient avant elle du "truc". Qu'elle a établi que le truc n'est pas absolu, mais relatif au référentiel dans lequel on le mesure, et qu'il est associé à l'espace – que Newton aurait pu tout aussi bien appeler le "bidule". Les cosmologistes d'aujourd'hui discuteraient non pas de la topologie ou de la courbure de l'espace-temps, mais, sans rire, de celle du "bidule-truc"... Bref, un tout autre monde.

Einstein y avait-il jamais songé ? J'osai croire que oui, mais sans en mettre ma main à couper, car je n'avais rien lu qui en témoignât.

Je me couchai dans l'herbe pour sentir l'esprit du lieu. J'imaginais facilement Einstein marchant dans les forêts avoisinantes, aux allures de refuge pour esprit solitaire. Il s'y esquivait souvent pour fuir les conversations ennuyeuses des amis ou des proches de sa mère qui affluaient à l'hôtel, notamment sa tante maternelle Julie Koch, qu'il décrivait comme une espèce de monstre arrogant et insensible. Parfois, il y retrouvait Anna Schmid, la toute jeune belle-sœur du patron de l'hôtel, et lui contait fleurette dans quelque clairière, ou la comblait en déposant des lignes polissonnes dans son petit carnet :

Belle petite fille,

Que voudrais-tu que j'écrive pour toi ?

Je pense à beaucoup de choses, parmi lesquelles un baiser déposé sur ta belle petite bouche. Si cela devait te fâcher, je te prierais de ne pas te mettre à pleurer : le meilleur châtiment serait que tu me donnes toi aussi un baiser.

Ce petit hommage en souvenir de ton ami bien coquin[1].

ALBERT EINSTEIN

Autour de moi, tout était silencieux, arrêté. Pas le moindre souffle de vent, le moindre nuage glissant dans les airs. Sensation d'un repos intégral du monde. Le regard planté dans le ciel, j'avais l'impression que l'espace baigné de lumière était absolument immobile. Absolument immobile ? Exactement comme l'"éther", cet étrange milieu auquel les physiciens de la fin du XIXe siècle croyaient dur comme fer.

Cet éther-là n'avait guère à voir avec celui d'Aristote ou des platoniciens. Lui était "luminifère", c'est-à-dire "porteur de la lumière". Pourquoi son existence était-elle si nécessaire ? À cause, précisément, de celle de la lumière elle-même : la théorie électromagnétique de Maxwell, l'un des deux grands piliers de la physique du XIXe siècle, expliquait que la lumière est constituée d'ondes électromagnétiques ; or, à cette époque, une onde était systématiquement considérée comme un phénomène qui progresse en

1. Cité par Denis Brian, *Einstein, le génie, l'homme*, traduction de l'anglais (États-Unis) par Bernard Seytre, Robert Laffont, Paris, 1996, p. 38.

faisant vibrer quelque chose du milieu dans lequel il se propage. Ainsi, au passage d'une vague, phénomène ondulatoire s'il en est, c'est l'eau qui vibre (ou, plus exactement, la surface de l'eau), permettant à la vague qu'elle porte de se propager. Dans le cas de la lumière, pensaient les physiciens, ce qui vibre à son passage, c'est un certain milieu, l'éther luminifère, dont ils supposaient qu'il emplit l'espace jusque dans ses moindres recoins. Son existence ne faisait aucun doute à leurs yeux puisqu'elle était impérativement requise par le statut ondulatoire de la lumière. Mais cet éther, de quoi était-il fait ? Avait-il une structure, constituée par exemple de petits ressorts ? Était-il pesant, solide, élastique ? Après quelques hésitations, la théorie électromagnétique laissait entendre qu'il était sans masse, invisible, dépourvu de viscosité, et qu'il n'avait en définitive qu'une seule propriété : l'immobilité absolue, celle-là même que j'éprouvais, allongé sur l'herbe de Mettmenstetten.

Or, cette conclusion contredisait de plein fouet l'autre pilier fondamental de la physique : la mécanique de Newton, qui traite de la dynamique des objets matériels et repose notamment sur le principe de relativité, selon lequel "le mouvement est comme rien" *(il moto è come nullo)* et "l'immobilité un mouvement partagé", pour reprendre les mots de Galilée. Qu'est-ce à dire ? Que les lois physiques ne sont pas modifiées par le mouvement. Si, roulant à vélo à vitesse constante et en ligne droite, je laissais tomber une pièce de monnaie, elle suivrait, *par rapport à moi*, c'est-à-dire dans le référentiel où je me trouve, la même trajectoire que si mon vélo était à l'arrêt, c'est-à-dire chuterait selon une droite verticale. Le principe de relativité implique donc qu'une sorte d'équivalence démocratique unifie tous les référentiels : qu'un référentiel soit au repos ou en mouvement ne change rien à ce qui s'y passe, au sens où les phénomènes physiques y conservent la même allure et les lois physiques la même forme. Il implique également qu'il n'existe pas un référentiel particulier qu'on pourrait distinguer des autres en prétendant qu'il serait *immobile dans l'absolu*. En effet, sitôt désigné, un tel référentiel pourrait toujours être considéré comme en mouvement par rapport à d'autres référentiels ayant exactement le même statut que lui.

"Rien n'est immobile dans l'absolu", dit en résumé la mécanique. "L'éther luminifère est absolument immobile", clame de son côté l'électromagnétisme. Les deux théories, qui semblent parfaitement exactes chacune dans son domaine, si l'on s'en tient à la justesse de leurs prédictions, s'appuient sur des principes respectifs qui sont en contradiction mutuelle !

Comment résoudre ce conflit conceptuel ? Tout à leur foi dans l'interprétation orthodoxe de la théorie électromagnétique de la lumière, certains physiciens en étaient venus à questionner les principes de la mécanique parce qu'ils contredisaient le statut quasi sacré de l'éther. Einstein, si jeune fût-il, n'était pas prêt à les suivre les yeux fermés. Est-ce au cours de l'une de ses fugues dans la forêt de Mettmenstetten qu'il acquit la conviction qu'il fallait plutôt questionner l'existence même de l'éther ? C'est en tout cas en août 1899, au beau milieu de ses vacances, qu'il écrivit à Mileva Marić, la seule étudiante de l'Institut polytechnique de Zurich :

En ce moment, je suis en train de relire avec la plus grande attention La Propagation de la force électrique *de Hertz [...]. Je suis de plus en plus convaincu que l'électrodynamique des corps en mouvement, telle qu'elle se présente actuellement, ne correspond pas à la réalité, et qu'il doit être possible de la présenter de façon plus simple. L'introduction du mot "éther" dans les théories de l'électricité a conduit à l'idée d'un milieu ayant un mouvement dont il est possible de parler, sans que l'on soit capable, à mon avis, d'associer une signification physique à ce que l'on dit. Je crois que les forces électriques ne peuvent être définies correctement que dans un espace vide*[1].

Dès cette époque, l'idée d'éther luminifère était devenue problématique pour Einstein. Mais pour Einstein seulement. Six ans plus tard, en 1905, d'un geste héroïque, il l'enterrerait définitivement. Cette mise à mort serait l'un des ferments de sa théorie de la relativité restreinte : la lumière n'a besoin d'aucun support pour se déplacer dans l'espace ; elle voyage par elle-même dans le vide ; elle est donc un phénomène physique à part entière, une vibration autonome, et non plus l'ébranlement d'un milieu, l'éther, qu'elle traverserait en prenant appui sur lui.

Mais la nuit tombait, "noir pirate, aux cieux d'or débarquant[2]" – il était temps de filer. Je me relevais comme si j'avais somnolé, presque rêvé. Et je

1. Albert Einstein, "Lettre n° 8 (août 1899)", *in* Albert Einstein et Mileva Marić, *Lettres d'amour et de science*, traduction de l'allemand par Élisabeth Kauffmann, Seuil, Paris, 1993, p. 49.
2. Arthur Rimbaud, *Les Premières Communions*, Gallimard, "Bibliothèque de la Pléiade", Paris, 2009, p. 140.

partis en trombe, à la seule force du mollet, mon vélo n'ayant point de ces moteurs électriques que d'aucuns coureurs cyclistes, au dire de la presse de ce jour-là, cacheraient dans leur cadre.

6

"L'IMPERTINENCE, MON ANGE GARDIEN[1]"

Il n'est plus question que le berger soit guide.

René Char

Zurich est bordée par deux petites montagnes couvertes de forêts et de vignes, l'Uetliberg à l'ouest, le Zürichberg à l'est. Je gravis la première dans le soleil couchant avant d'entamer la très longue descente qui plonge vers le grand lac. Délice de la cinétique, ivresse de la vitesse qui vous offre d'autres yeux : les formes se déplacent au gré des coups de pédales, s'engendrent le long d'un fil invisible, se fluidifient, s'effacent.

Foncer, dévorer de l'espace, et se libérer de la compacité du temps, voire de la mort même. En divisant de gros morceaux d'espace par de courts laps de temps, la vitesse devient un feu d'artifice existentiel. Le principe de relativité a beau énoncer que le mouvement est comme s'il n'était pas, on a du mal à s'en

1. Albert Einstein, "Lettre n° 45 (12 décembre 1901)", *in* Albert Einstein et Mileva Marić, *Lettres d'amour et de science*, *op. cit.*, p. 113.

convaincre lorsque, le visage fouetté et les mains crispées sur les cocottes de frein, on fonce, aidé par la gravitation, à plus de soixante kilomètres par heure.

Je m'enfonçais peu à peu dans la nuit. Rouler de Mettmenstetten à Zurich, c'était progresser à rebours de la vie d'Einstein. Je me dirigeai vers le centre-ville, au bord du lac, et cherchai la Fraumünsterstrasse, où se trouve le café Métropole. Tout un art de vivre, cossu, paisible. C'est dans ce café chic qu'Einstein rencontrait ses camarades de l'Institut polytechnique en fumant la pipe et en buvant du café glacé, faute de moyens suffisants pour s'offrir de la bière. Assis au bar, je demandai au serveur s'il en savait un peu plus sur cet ancien client, sans doute le plus illustre, même si la concurrence fut rude – Rosa Luxemburg, Vladimir Ilitch Lénine et Carl Gustav Jung, pour ne citer qu'eux, y eurent leurs habitudes. Il me répondit que non, avouant même ignorer qu'Einstein fut passé par là. Je ne venais pas chercher la légende, mais tout de même… Déçu, je descendis deux ou trois bières à bout portant, en trinquant avec un spectre que j'étais seul à voir.

Je ne connaissais de Zurich que sa réputation, celle d'une ville cosmopolite, considérée comme la plus chère du monde, la plus agréable aussi, sans qu'on puisse dire si ces deux propriétés sont causalement reliées. J'appris par la presse du moment qu'elle abrite le siège de l'opaque et sulfureuse Fifa, pourtant dotée d'un comité d'éthique qui, accolé à elle, vous fait un oxymore exemplaire. Mais je savais que je ne devais pas me fier à ces seules apparences. Zurich est en réalité une ville duale, où ont coexisté l'argent et la déjante, l'immobilisme et la révolution.

Au début du XXe siècle, elle est devenue un centre actif de la vie intellectuelle internationale et du pacifisme sous toutes ses formes. Une île de paix préservée des ferveurs nationalistes qui enflammeraient l'Europe. "Non seulement port de refuge, mais rendez-vous de révoltés, oasis de l'homme pensant, bourse d'espionnage, pépinière d'idéologies à venir et foyer de poètes et du vagabondage[1]." C'est au cabaret Voltaire, créé par le poète Hugo Ball, que naquit Dada, au moment où la Première Guerre mondiale assassinait les jeunes gens industriellement, méthodiquement, à coups de baïonnettes, d'éclats d'artillerie ou de gaz moutarde. Le 5 février 1916, quelques jours avant le commencement de la bataille de Verdun, s'y déroula sa première soirée littéraire, animée par quelques réfugiés inventifs et antidogmatiques, Ball, Janco, Arp, Tzara… La légende raconte que le nom du mouvement fut trouvé trois jours plus tard par Tristan Tzara, à l'aide d'un coupe-papier glissé au hasard entre les pages d'un dictionnaire Larousse. Tzara se garda bien de confirmer ou d'infirmer la légende, laquelle eut la vertu de conférer au nom de Dada le parfum quantique de l'aléatoire. Le but du mouvement était clair : "Notre volonté de renouvellement ne concernait pas seulement les arts plastiques et littéraires, car nous entendions aller plus loin en nous attaquant sinon à la structure de la société, du moins à cette culture hypocrite qui avait permis le massacre et la misère, tout en se réclamant des principes hautement moraux. Ne s'agissait-il pas pour nous d'une grande ambition, celle de changer

1. Marcel Janco, "Dada créateur", *in* Willy Verkauf (éd.), *Dada, monographie d'un mouvement*, Verlag Arthur Niggli, 1957.

la vie ? L'art devait être au service de l'homme et non pas le contraire[1]."

Ironie de l'histoire : au cours des années 1920, en Allemagne, lorsque les partis nationalistes commenceraient de s'en prendre à la théorie de la relativité, ils la compareraient au dadaïsme, qui incarnait à leurs yeux la figure même de l'Antéchrist.

Grâce à Zurich l'ambivalente, "Dadaland" comme la surnommerait Jean Arp, le marginal qu'était Einstein put mettre un pied dans le système et étudier quatre années durant à l'Institut polytechnique, de 1897 à 1900.

Du quai de la Limmat, on peut s'y rendre à pied en empruntant de longs escaliers pour rejoindre les hauteurs de la ville. À fonction prestigieuse, architecture imposante, et beaucoup trop néoclassique à mon goût : des colonnes, des frontons, une géométrie plutôt glaçante, surtout vue de nuit…

L'enseignement, de grande qualité si l'on en juge à la quantité de prix Nobel qui l'ont suivi, ne correspondait pas du tout au tempérament du jeune Albert. La plupart des professeurs de physique se contentaient d'expliquer les formules ou les équations qui avaient des applications pratiques. Einstein, lui, voulait questionner les principes qui les sous-tendaient : que se cache-t-il derrière ces formules apprises par cœur ? C'est tout ce qui l'intéressait, ou presque. Si la physique avait été un poulet, il eût voulu le dépiauter, le découper, le désosser.

1. Tristan Tzara, "Quelques souvenirs", in *Œuvres complètes*, t. I, Flammarion, Paris, 1975, p. 732.

Très vite, il se contenta d'assister aux seuls cours qu'il jugeait indispensables, le plus souvent sans grand enthousiasme. Par chance, il pouvait compter sur les notes, claires et précises, que lui prêtait son camarade Marcel Grossmann, très assidu et meilleur mathématicien que lui. Le seul endroit où il aimait travailler était le laboratoire de physique, où il passait des heures, seul, "émerveillé, passionné par le contact direct avec l'expérience[1]".

De temps à autre, il faisait une sortie en voilier sur le lac, en compagnie de Suzanne Markwalder, la fille de sa logeuse (il habitait dans un bel immeuble, 87 de la Klosbachstrasse). Lorsque le vent soufflait, il s'affairait à la conduite de l'embarcation, heureux comme un enfant avec son jouet. Dès que le vent tombait, plutôt que d'engager la conversation avec la jeune fille, Einstein sortait de sa poche son carnet, un crayon à papier, et se plongeait dans des calculs entrecoupés de profondes méditations, jusqu'à ce que la brise soufflât de nouveau.

C'est dès son arrivée à Zurich, en 1897, lors d'une soirée musicale organisée par une famille de mélomanes, les Hüni, qu'Einstein rencontra Michele Besso, un jeune ingénieur italien qui, lui aussi, jouait du violon. Tout de suite, les deux hommes comprirent qu'ils seraient amis pour la vie. Évidence des affinités : ils avaient en commun l'amour de la musique, et surtout une curiosité intellectuelle sans limite, notamment pour les sciences et les questions philosophiques qu'elles font naître. Besso, son aîné de six ans, venait de sortir de l'Institut polytechnique, tandis qu'Einstein y entrait. Un peu plus tard, il présenterait à son

1. Albert Einstein, *Autoportrait*, *op. cit.*, p. 56.

nouvel ami celle qui n'allait pas tarder à devenir Mme Besso : Anna Winteler, l'autre fille de "papa Winteler", la sœur de Marie…

C'est à Zurich encore qu'Albert Einstein tomba en amour, de Mileva Marić, une jeune femme d'origine serbe, au regard vif et traversant, à la voix suave et qui jouait de la mandoline. Comme Albert, Mileva avait un faible pour les mathématiques et la physique. Comme lui, elle était fascinée par la théorie cinétique des gaz, inclination peu banale à l'époque et restée depuis, je crois, assez marginale… Leur goût commun pour les soirées musicales et leur franche répugnance prédadaïste pour l'esprit bourgeois se transformèrent peu à peu en un amour puissant, nourri par les élans du cœur et de l'esprit. Ils s'écrivaient de longues lettres pleines d'une saveur que les traductions peinent à restituer :

Tu es et tu restes pour moi un petit royaume sacré où nul n'a le droit de pénétrer, écrivait Albert à Mileva le 6 août 1900. Je sais aussi que, de tous, c'est toi qui m'aimes le plus et me comprends le mieux. […] Quand tu n'es pas avec moi, j'ai l'impression de ne pas être entier. Quand je suis assis, j'ai envie de marcher. Quand je marche, j'ai envie de rentrer à la maison. Quand je me distrais, j'ai envie de travailler. Quand je travaille, la réflexion et le calme me font défaut, et quand je vais me coucher, je ne suis pas content de la journée que je viens de passer[1].

On songe à Portia, l'héroïne du *Marchand de Venise* : "Une moitié de moi est à vous, et l'autre

1. Albert Einstein, "Lettre du 6 août 1900", *in* Albert Einstein et Mileva Marić, *Lettres d'amour et de science*, *op. cit.*, p. 64.

moitié à vous, à moi, voulais-je dire ; mais si elle est à moi, elle est à vous et ainsi tout est à vous[1] !" C'est ainsi. Mileva lui inspirait des sentiments romantiques. Dans un poème qu'il lui avait dédié, la fougue de leur passion, prolongée par quelque loi thermodynamique, enflammait l'oreiller sans que nul n'y mît le feu. Il lui restait à découvrir qu'en vertu de la formule $E = mc^2$, l'énergie peut aussi se transformer en masse.

Quoi qu'il arrive, nous aurons la plus belle vie du monde, lui déclara-t-il en cette première année du XXe siècle. *Un travail agréable, l'un avec l'autre – d'autant plus que nous ne dépendons encore de personne, que nous nous débrouillons par nous-mêmes et que nous pouvons profiter pleinement de notre jeunesse. Qui peut s'imaginer plus belle vie ? Lorsque nous aurons mis suffisamment d'argent de côté, nous achèterons deux bicyclettes pour faire des randonnées toutes les deux ou trois semaines*[2].

1900. L'été approchait, et avec lui les deux examens importants qui sanctionnaient les quatre années d'études à l'Institut polytechnique. Einstein s'en acquitta comme d'une obligation, donc sans aucun plaisir, et obtint des notes plus qu'honorables qui le plaçaient au quatrième rang de sa section (qui comptait seulement cinq étudiants) :

1. William Shakespeare, *Le Marchand de Venise*, acte III, traduction française de F. C. Danchin, Aubier, Paris, 1938, p. 94-95.
2. Albert Einstein, "Lettre du 19 septembre 1900", *in* Albert Einstein et Mileva Marić, *Lettres d'amour et de science*, *op. cit.*, p. 75.

> Bon gré mal gré, écrira-t-il dans ses *Notes autobiographiques*, on devait, pour les examens, se bourrer la cervelle de tout ce qu'on nous demandait de retenir. Cette contrainte avait eu sur moi un effet si négatif qu'après avoir passé l'examen de sortie, je fus dégoûté de l'étude de tout problème scientifique durant une année entière.

Classée cinquième et dernière, recalée à cause d'une mauvaise note en théorie des fonctions, Mileva était effondrée. Débonnaire, comme à son habitude, Albert l'encouragea à repasser l'examen l'été suivant. C'est à ce moment-là qu'ils décidèrent de se marier, mais sans oser fixer de date, car Mme Einstein mère détestait Mileva, trop "intellectuelle" à son goût.

Une fois son diplôme en poche, les ennuis commencèrent. La science qu'il avait tant chérie avait perdu son pouvoir d'attraction. En cause : l'écart trop grand entre lui et ceux qui la représentaient, la transmettaient, l'enseignaient. Son caractère entier et son attitude irrespectueuse envers toute forme d'autorité avaient ligué contre lui ses professeurs, Heinrich Weber compris, celui-là même qui l'avait encouragé cinq ans auparavant à repasser le concours d'entrée. "Oui, vous êtes un brillant sujet, mais vous n'acceptez pas la moindre remarque ; pas la moindre remarque !" lui avait-il jeté un jour, le visage empreint d'une aigreur qui eût fait tourner une vendange. Einstein l'appelait "*Herr* Weber" et non pas "*Professor* Weber", crime de lèse-majesté aux yeux de ceux que gêne le génie, surtout s'il est sans-gêne. Trois jours avant l'examen final, Weber, de plus en plus agacé, avait exigé d'Einstein qu'il récrivît entièrement un long article au motif qu'il ne l'avait pas rédigé sur du papier réglementaire, empiétant ainsi sur le temps de révision de son étudiant. À sa décharge, Einstein admettait mal qu'un professeur de physique pût passer sous silence les équations de Maxwell, portant découvertes trente ans auparavant et qui avaient permis de prédire l'existence des ondes électromagnétiques ! "Le meilleur endroit pour venir mourir est la Suisse, car tout s'y produit trente ans plus tard qu'ailleurs", aurait-il dit dans un mouvement d'indignation.

Il connaissait parfaitement les travaux de Maxwell, mort en 1879, l'année de naissance d'Einstein – comme Newton était né en 1642, l'année de la mort de Galilée. Maxwell et Einstein se ressemblaient par leur tempérament, leur manière d'être au monde. Deux oiseaux bizarres, originaux. Pendant ses années d'études à Cambridge, raconte-t-on, Maxwell avait pris l'habitude de dormir l'après-midi pour se lever à 9 heures du soir, et travailler dans le silence de la nuit. Chaque matin, aux premières lueurs du jour, il courait à petites foulées dans les escaliers et les longs couloirs des dortoirs, exercice qui s'achevait sous une pluie de chaussures lancées par les étudiants que ses pas sonores avaient réveillés avant même le chant du coq. Ce genre d'excentricité plaisait évidemment à Einstein.

Du professeur de sciences expérimentales, Jean Pernet, Einstein ne put rien obtenir non plus. Lors d'une séance de travaux pratiques, il avait jeté ostensiblement à la poubelle la feuille sur laquelle étaient expliqués le travail à faire et la méthode à suivre : le problème posé, il l'avait résolu à sa façon. Furieux, Pernet prit à témoin son assistant : "Mais enfin, qu'est-ce qui se passe avec Einstein ? Il s'évertue à faire autre chose que ce qu'on lui demande ! – En effet, *Herr Professor*, répondit l'assistant. Mais ses solutions sont toujours correctes et ses méthodes présentent un grand intérêt[1]."

Hermann Minkowski, dont le cours de mathématiques était d'un niveau exceptionnel, n'éprouvait pas davantage d'estime pour Einstein. Il changerait toutefois d'avis quelques années plus tard, une fois que son ancien élève eut révolutionné les bases de la physique et que lui-même, en 1907, eut dûment formalisé le concept d'espace-temps sous-tendu par la théorie de la relativité restreinte. "C'est pour moi une bien grande surprise, car lors de ses études, Einstein était un paresseux qui se souciait des mathématiques comme d'une guigne[2]", écrirait Minkowski à Max Born.

Avec de telles appréciations du corps professoral, Einstein pouvait faire une croix sur les chaleureuses et indispensables lettres de recommandation. Il avait beau envoyer de nombreux courriers, en Suisse ou à l'étranger, notamment à l'université de Göttingen, à celle de Stuttgart, il ne parvenait pas à décrocher le poste qui lui permettrait de se consacrer à la recherche en physique. Ce mur de silence que le monde académique dressait sur sa route l'indignait : "Il est proprement effrayant de penser à tous les obstacles que ces vieux philistins mettent en travers du chemin de ceux qui ne leur ressemblent pas, écrivit-il en décembre 1901. Ces gens-là considèrent

1. Margarete von Uexküll, "Erinnerungen an Einstein", *Frankfurter Allgemeine Zeitung*, 10 mars 1956.
2. Lettre d'Hermann Minkowski à Max Born datée de 1907, citée par Denis Brian, *op.cit.*, p. 50.

instinctivement tout jeune intelligent comme une menace à leur dignité momifiée." La définition qu'il convient de donner ici au mot "philistin" est certainement celle d'Arthur Schopenhauer, ce grand pourfendeur de l'esprit grégaire : un homme dépourvu de besoins intellectuels, en un sens opposé au génie qui, lui, du seul fait de sa présence parmi les masses, les conduit à un degré plus élevé de développement. Einstein était un fervent lecteur du *Monde comme volonté et comme représentation*.

À ces déconvenues s'ajoutaient des difficultés matérielles qui allaient s'aggravant. En Italie, les affaires de son père périclitaient, et, par ricochet, les conditions de vie d'Albert se durcissaient. Les cours particuliers de physique ou de mathématiques ne nourrissaient pas son homme, et il y avait urgence : trouver un travail stable et convenablement rémunéré, sans quoi il tomberait bientôt dans la misère. Mileva ne laissait pas de lui répéter qu'il avait des dons exceptionnels et voulait lui apporter son aide. Mais son rêve de devenir professeur de lycée partit définitivement en fumée durant l'été 1901, lorsqu'elle échoua pour la seconde fois à ses examens de sortie – notes insuffisantes en mathématiques et en astronomie.

Suivant les conseils de son oncle Jakob, l'apatride qu'Einstein était devenu se décida à demander la nationalité suisse afin d'augmenter ses chances. Il l'obtint et la conserverait jusqu'à la fin de sa vie.

Le 11 décembre 1901, une planche de salut se présenta enfin : une annonce parue dans le *Schweizerisches Bundesblatt* signalait qu'une place d'ingénieur de deuxième classe était vacante au Bureau fédéral de la propriété intellectuelle de Berne, qu'on s'obstine à traduire platement par “Office des brevets[1]”. La fonction proposée exigeait une bonne connaissance de la physique en général, le sens de l’expérience et celui des applications pratiques, autant de qualités que possédait Einstein, qui avait passé beaucoup de temps au laboratoire de l’Institut pendant ces quatre années. Il savait tout des voltmètres, bobines, solénoïdes, aimants, circuits électriques, générateurs de tension et autres spectroscopes. Autre avantage : il connaissait parfaitement l’électromagnétisme, tant du point de vue des phénomènes que de la théorie, l’ayant apprise par lui-même dans les manuels des plus grands spécialistes allemands, Gustav Kirchhoff, Hermann von Helmholtz et Heinrich Hertz. Or les projets d’appareils électriques et électromagnétiques proposés par les ingénieurs étaient de plus en plus nombreux, et le Bureau de la propriété intellectuelle, qui travaillait en relation étroite avec les industriels, avait besoin de personnes capables de les expertiser.

Sur les conseils de son ami Marcel Grossmann, dont le père connaissait bien Friedrich Haller, le directeur du Bureau, Einstein fit acte de candidature le 19 décembre 1901, le jour de l’anniversaire de Mileva – qu’il oublia de lui fêter. Après un entretien de plus de deux heures, il fut engagé comme ingénieur non pas de deuxième classe, mais de troisième classe. Il devenait le plus jeune employé jamais embauché à un tel poste. Il allait fêter ses vingt-trois ans.

Ainsi Albert et Mileva quittèrent-ils Zurich pour Berne. Dans un premier temps, ils y vécurent

1. La dénomination allemande, “Eidgenössischen Amt für geistiges Eigentum”, est pourtant sans ambiguïté.

séparément, puis, au mépris des convenances, s'installèrent ensemble sans être encore mariés.

Pour les rejoindre, il me restait à parcourir plus de cent kilomètres. Or, je pressentais qu'au-delà d'un certain seuil de fatigue, les effets des prochains *Birchermüesli* deviendraient de moins en moins explosifs. Mon albertiade vélocipédique devait prendre fin. Je rendis à la gare de Zurich le vélo que j'avais loué à celle de Bâle, en me réjouissant au passage que la prédiction de Pierre Dac selon laquelle “au train où vont les choses, les choses où vont les trains vont bientôt cesser d'être des gares” ne se soit pas encore réalisée.

7

BERNE OU LE PARTI PRIS DES CHOSES

Notre âme est transitive. Il lui faut un objet, qui l'affecte comme son complément direct, aussitôt.

FRANCIS PONGE

J'arrivai en début d'après-midi à Berne, la ville où Einstein a développé toute sa puissance révolutionnaire, d'une façon qui n'eut sans doute jamais d'équivalent dans l'histoire des idées. Un vrai feu d'artifice, une explosion intellectuelle concentrée sur une durée de quelques mois seulement, de mars à septembre 1905, alors qu'il exerçait le métier de simple ingénieur des brevets au Bureau fédéral de la propriété intellectuelle. Berne ou le balcon des chrysalides.

Il y a de multiples façons de faire une découverte, laissant plus ou moins de place au magnétisme du hasard, aux événements vécus par celui qui trouve, à son imaginaire, à la courbure de son tempérament, aux rencontres qu'il fait, à sa culture, à sa folie. Dans le cas d'Einstein, l'acte créatif, bien qu'il fût récurrent, demeure en grande partie inexpliqué. Invoquant le mythe de l'*eurêka*, on peut certes chercher les instants de genèse, les germinations fulgurantes, les moments éclatants où Einstein serait passé de l'incompris au compris, de l'obscurité à la lumière. Mais lui n'a jamais fait mention que d'un combat personnel avec les concepts. Une bagarre continue, terrible et plaisante, qu'il ne parvenait pas à interrompre.

À la fin de sa vie, il parlera de ses "joyeuses années à Berne" où il aima tellement vivre, sans doute parce qu'il n'y côtoyait plus de philistins et y découvrait un sentiment de liberté. Le "décor" a vraisemblablement joué son rôle, même si Einstein ne l'évoque guère. Il suffit de marcher dans cette ville, qu'on peut traverser en plein orage sans crainte d'être mouillé grâce aux arcades qui bordent ses rues, pour ressentir son charme, que je devine invariant par translation dans le temps. C'est en gagnant les hauteurs de la ville qu'un ingrédient supplémentaire me sauta aux yeux. Lorsque le ciel est clair, comme il l'était en ce beau jour de mai, on distingue nettement les lointains : quelques sommets mythiques des Alpes, la Jungfrau, le Mönch, même l'Eiger et sa légendaire face nord aux pentes burinées de couloirs sombres, luisantes de verglas. Cette magnificence ne peut lui avoir échappé. Je crois même qu'elle l'a inspiré. Pour percer le mystère des profondeurs, ne faut-il pas parfois viser les cimes, côtoyer l'infini ?

Les lettres de jeunesse d'Einstein témoignent d'ailleurs de son amour pour les montagnes suisses – auxquelles il préférera plus tard une autre perspective, antipodique et plus vaste encore, l'océan Atlantique. Sans être un matador de la verticale, Albert se montrait avide de pentes raides capables à la fois d'emballer le rythme cardiaque et de dévoiler des paysages sublimes, qui délestent l'esprit de toute pesanteur.

Nombreux sont les physiciens qui ont aimé la montagne. Cette tendance fut même tellement marquée dans la première moitié du xxe siècle que je ne suis pas certain que la physique quantique aurait pu voir le jour si l'Europe avait été plate. Y aurait-il une relation de cause à effet entre la pratique des sciences exactes et la fréquentation du pays aérien des arêtes déchiquetées, dansant en plein ciel ? Il me plaît de croire que oui, et Einstein ne dément pas :

> La création d'une nouvelle théorie ne ressemble pas à la démolition d'une grange et à la construction, à sa place, d'un gratte-ciel. Elle ressemble plutôt à l'ascension d'une montagne, où l'on atteint des points de vue toujours nouveaux et toujours plus étendus entre le point de départ et les nombreux lieux qui l'environnent. Mais le point de départ existe toujours et peut être vu, bien qu'il paraisse plus petit et forme une partie insignifiante du vaste panorama auquel nous avons eu accès en surmontant les obstacles dans notre ascension aventureuse[1].

L'ascension d'une montagne a ceci de commun avec l'exercice de la pensée scientifique qu'elle réclame de la précision dans les gestes, qu'elle permet des changements de points de vue, le surgissement de nouvelles perspectives : une fois atteint le sommet,

1. Albert Einstein et Léopold Infeld, *L'Évolution des idées en physique*, traduction de Maurice Solovine, Flammarion, "Champs", Paris, 1993, p. 143.

on embrasse le détail et l'ensemble. Et l'on éprouve tout le sens de la phrase maintes fois lue : "Le tout est plus que la somme de ses parties." La similitude se prolonge jusqu'à la façon même de progresser : en montagne comme en science, la marche d'approche peut être longue et pénible, comporter maints tournants et raidillons ; on croit être arrivé, mais non, une dernière difficulté surgit, qu'il faut surmonter ; on sue à gouttes de plus en plus grosses, on peine, on tachycarde, on désespère, jusqu'à ce qu'on arrive au col ou sur l'arête sommitale. La récompense est alors sans égale. Magie des altitudes. On approche le Graal, on atteint le lieu où le ciel et la terre s'étreignent dans l'air le plus subtil, "où seul subsiste le cristal de la dernière stabilité[1]", dirait René Daumal.

Ceux qui pratiquent l'alpinisme savent qu'il est aussi une manière d'être, de mettre son petit soi en vis-à-vis d'énormes choses, avec le désir de les conquérir. En ce sens, Einstein fut un alpiniste de la réalité physique. Mais gardons-nous de glisser trop loin sur la pente analogique : à Berne, Einstein a pratiqué davantage la physique que l'escalade.

En arpentant les rues animées de la ville, je tente de reconstituer les fils de l'histoire. Tâche impossible, sans doute vaine. Au fond, toute époque est incommensurable à celles qui lui succèdent : le travail du temps qui passe et les événements qu'il a portés empêchent les mises en correspondances trop directes. La durée qui nous sépare du passé n'est pas seulement un milieu dont l'opacité rend l'image du passé plus confuse : au cours du temps, c'est aussi

1. René Daumal, *Le Mont analogue*, Gallimard, "L'Imaginaire", Paris, 1981, p. 169.

notre vue qui s'est modifiée, au point que nous ne pouvons plus voir ce que voyaient nos prédécesseurs, lors même que nous l'avons sous les yeux. En voulant reconstruire par la pensée ou le souvenir les périodes passées, nous les insérons à notre insu dans le monde contemporain, et ne les percevons qu'à l'aune trompeuse du présent.

Je décidai d'éteindre mon téléphone portable pour la journée – m'écarter du présent, de la technologie, pour me rapprocher d'Einstein. Par un accès de mimétisme, je résolus aussi de prendre des notes dans un petit carnet, comme il avait l'habitude de le faire. J'y userais de codes, de raccourcis et d'idéogrammes de mon cru que nulle paire d'yeux indiscrets ne pourrait comprendre, et qu'aucun ordinateur ne saurait transcrire. Je devenais un éphémère déserteur de la communication.

Créé en 1888, le Bureau fédéral de la propriété intellectuelle était installé dans un grand immeuble à l'allure sévère, situé au croisement de la Genfergasse et de la Speichergasse. Vingt-neuf employés s'y retrouvaient chaque matin, six jours par semaine. Leur mission : examiner la pertinence et la rigueur scientifique des dossiers soumis pour l'obtention d'un brevet d'invention.

Le 16 juin 1902, Einstein commençait dans la joie son nouveau travail. Perché sur un tabouret huit heures par jour, il devait départager les projets réalisables et ceux qui ne le seraient jamais. Les inventions simples – grille-pains, épluche-légumes mécaniques, pièges à souris – étaient les plus faciles à évaluer. Les inévitables projets de machines à mouvement perpétuel, systématiquement écartés en vertu de leur impossibilité d'être, ne posaient pas non plus de difficulté. Mais les inventeurs les plus ingénieux écrivaient parfois dans une langue absconse ou déroutante. Einstein en était ravi, car son travail devenait alors une sorte de jeu rempli de codes secrets à percer : d'abord, déchiffrer le charabia, puis le convertir en une prose lumineuse, en insistant sur les points essentiels de l'invention.

Rapidement, il se rendit compte qu'il aimait accomplir ce genre de tâches, exigeant tout à la fois de la sagacité et une solide culture scientifique. Le flux ininterrompu d'idées qu'il devait d'abord comprendre, puis juger, stimulait sa propre réflexion. Au passage, il profitait du moindre moment d'inoccupation pour se plonger dans ses notes personnelles et les compléter. Le directeur venait-il à approcher, il les rangeait rapidement dans son tiroir. Ses réflexes semblent lui avoir épargné toute remontrance, à moins que ce ne fût la mansuétude discrète du maître des lieux.

Décrire et évaluer dans un compte rendu toutes sortes d'inventions, voilà qui correspondait sans doute mieux à son tempérament qu'un poste universitaire :

> La rédaction des actes de brevets était pour moi une véritable aubaine, écrira-t-il plus tard. Ce travail m'obligeait à exercer mon esprit dans des domaines variés tout en m'offrant largement de quoi stimuler ma réflexion en physique. Avoir une activité professionnelle concrète est finalement une bénédiction pour quelqu'un comme moi. Une carrière académique condamne un jeune chercheur

> à une certaine production d'articles scientifiques. C'est là une incitation à la superficialité à laquelle seuls les caractères bien trempés peuvent résister[1].

Einstein éprouvait pour son directeur une sympathie sincère et il entretenait d'excellentes relations avec ses collègues, qui s'amusaient de sa dégaine – il n'avait aucun goût pour la mise vestimentaire et n'en aurait jamais. Très vite, il devint "l'un des experts les plus appréciés du Bureau, capable d'affronter les demandes de brevets les plus difficiles à analyser[2]". Plus tard, il dirait du Bureau qu'il fut "ce cloître séculier au sein duquel ont éclos [ses] plus belles idées[3]".

Un cliché veut que les physiciens théoriciens soient des êtres rêveurs, contemplatifs, en marge. Qu'ils devinent dans le ciel un monde d'objets invisibles sans être capables de reconnaître leur voisine de palier. Qu'ils préfèrent la compagnie virtuelle des concepts les plus éthérés à celle de leurs semblables. Qu'ils excellent dans les calculs abscons mais peinent à se faire cuire un œuf. Qu'ils fourbissent d'élégantes théories tout en vivant dans un sacré fourbi. Cette

1. Albert Einstein, *Œuvres choisies*, Seuil/CNRS, sous la direction de Françoise Balibar, 1989-1991, vol. 1, p. 16. Cet aveu d'Einstein laisse penser qu'il n'aurait sans doute pu supporter de travailler au sein du système actuel, *publish or perish*, ce phénomène qui s'accélère dans des proportions impressionnantes et épuise les chercheurs d'aujourd'hui.
2. Abraham Pais, *Subtle Is the Lord*, *op. cit.*, p. 47.
3. Albert Einstein, Lettre à Michele Besso datée du 10 septembre 1919, citée in *Correspondance avec Michele Besso (1903-1955)*, traduction de Pierre Speziali, éditions Hermann, Paris, 1979, p. 73.

image d'Épinal n'est ni sans fondement ni sans justification. Il est vrai qu'on croise peu de théoriciens parfaitement à l'aise dans le monde pratique, intégrés dans la vie sociale, immergés dans les préoccupations du quotidien, entièrement présents à ce qui est présent. Affaire de positionnement : une sorte d'écart psychologique associé à un brin de décalage existentiel semble nécessaire à tout individu qui aspire à remplacer la présence des choses par leur mise en concepts. Ce pas de côté, ce geste de recul permettent d'instaurer un jeu de correspondance entre le visible et l'invisible, de doubler la réalité matérielle par autre chose que son apparence première, et ce stratagème finit par la sublimer en un jeu d'équations.

Mais à trop insister sur les capacités d'abstraction d'Einstein, on en oublie parfois qu'il avait d'abord le souci de comprendre les choses les plus familières et les plus incarnées, et qu'à ses yeux tout ou presque devenait occasion de science : "En remuant son thé, il remarquait que les feuilles se groupent au centre et non à la périphérie du fond de la tasse : il trouvait une explication et établissait la relation avec quelque chose qui, apparemment, n'avait rien à voir : les méandres des rivières. En marchant sur le sable, il relevait avec étonnement ce que nous constatons pour la plupart sans nous poser de questions : à savoir que le sable mouillé est ferme tandis que le sable sec et le sable immergé ne le sont pas. À cela aussi il trouvait une explication scientifique[1]." Avec lui, la physique devenait acte poétique.

1. Banesh Hoffmann, *Albert Einstein, créateur et rebelle*, *op. cit.*, p. 268.

Mettre en avant son seul travail théorique, c'est délaisser un aspect important de son œuvre : à l'instar de Galilée, le père de la relativité fut aussi un ingénieur inventif dont les préoccupations se réfractaient dans les mécanismes et les appareils techniques les plus symboliques de son époque. Il déposa lui-même plusieurs brevets à propos de toutes sortes de dispositifs : voltmètres, réfrigérateurs, compteurs électriques, appareils de correction auditive... Enfant, déjà, Einstein raffolait des jeux de construction et adorait fureter dans les entrailles des mécanismes qui lui tombaient sous la main. Ainsi affinait-il une sorte de dialectique, de va-et-vient, de conversion entre le concret et l'abstrait, entre le réel et sa représentation : il regardait les objets, les appareils, il les manipulait, ce qui faisait naître en lui de nouvelles idées dont il testait la cohérence en les appliquant ensuite à d'autres choses.

Par la suite, il réaliserait même des expériences conduisant à des résultats inédits, avec l'aide de Wander Johannes De Haas, un physicien hollandais : en 1913, ils montreraient que la magnétisation d'un matériau induit une rotation mécanique macroscopique, ce qu'on appelle l'"effet Einstein-De Haas[1]". "Son intérêt se trouve accroché par des questions

1. Considérant l'hypothèse d'Ampère d'après laquelle le magnétisme est engendré par les rotations microscopiques de charges électriques, Einstein et De Haas voulurent éprouver la théorie de Lorentz selon laquelle les particules en rotation sont des électrons. Le but de leur expérience était de mesurer le couple développé par inversion de la magnétisation d'un cylindre en fer. Ils observèrent la création d'un mouvement de rotation sur un cylindre ferromagnétique suspendu par un fil au centre d'un solénoïde, lorsque ce dernier est parcouru par un courant électrique.

qu'on croirait étrangères à ses préoccupations, rapporte son amie Antonina Vallentin. Il a un goût très vif pour tout ce qui est ingénieux sur le plan matériel, une tendance de bricoleur[1]." Elle a notamment assisté à une discussion qu'il a eue avec un ingénieur des Ponts et Chaussées au sujet des arches d'un pont et du profil qui permettrait une meilleure répartition des efforts mécaniques.

C'est ainsi que je me le figure tout en déambulant dans les rues de Berne : un homme symphonique, embrassant toutes les facettes du réel.

1. Antonina Vallentin, *Le Drame d'Albert Einstein*, Plon, Paris, 1954, p. 66.

8

JEUX OLYMPIENS

Si l'ombre projetée par les Pygmées est si longue, c'est qu'il est bien tard dans la journée.

GIAN-CARLO ROTA

Durant l'été 1902, Einstein apprit que son père était gravement malade, pis, qu'il était condamné par les médecins. Il prit le train pour Milan dans l'idée de demeurer auprès de cet "homme jovial, particulièrement amical, doux et sage" jusqu'à son dernier souffle. Mais son père en décida autrement : il préférait affronter seul ses derniers moments. Lorsqu'il mourut, le 10 octobre 1902, à l'âge de cinquante-cinq ans, ce fut pour Albert un maelstrom affectif, et même, confierait-il plus tard, le plus grand coup qu'il ait jamais reçu.

Cependant, il se trouvait désormais libre d'officialiser l'union à laquelle ses parents s'étaient farouchement opposés. Surtout sa mère, Pauline : "Cette fille est un livre, comme toi, lui disait-elle, alors que tu as besoin d'une femme capable de bien tenir une maison ; et elle est plus âgée que toi ; quand tu auras trente ans, elle sera devenue une sorcière[1]." Son père, moins prompt à intégrer l'équation du mouvement qui dit le futur à partir du présent, s'était ravisé, et lui avait donné son accord quelques jours avant de tirer sa révérence.

Trois mois plus tard, le 6 janvier 1903, jour du réveillon de Noël pour la religion orthodoxe grecque (celle de Mileva), le mariage était célébré dans une grande sobriété. Albert avait choisi deux témoins, Conrad Habicht, un jeune mathématicien suisse au tempérament exubérant, rencontré à l'Institut polytechnique, et Maurice Solovine, un étudiant en philosophie d'origine roumaine dont il avait fait la connaissance à la suite d'une petite annonce qu'il avait publiée dans le journal local dès son arrivée : "Leçons de physique à trois francs de l'heure." Le repas de noces réunit les quatre convives dans un petit restaurant de Berne. Quant au voyage du même nom, il consista en une simple promenade à pied, du restaurant jusqu'au domicile du couple, 18, Tillierstrasse, sur la rive droite de l'Aar. Encore Albert, distrait comme à son habitude, en avait-il malencontreusement égaré la clé. Transis de froid, les jeunes mariés en furent réduits à réveiller le propriétaire qui habitait l'immeuble.

Quelques mois plus tard, ils emménageaient au 49, Kramgasse, sur la rive gauche de l'Aar, à quelques pas de la légendaire Zytglogge, la tour de l'Horloge. Sur la façade de l'immeuble, une plaque commémorative indique que c'est bien là qu'est née

1. Citée par Desanka Trbuhović-Gjurić in *Mileva Einstein, une vie*, traduction de l'allemand par Nicole Casanova, éditions des Femmes, Paris, 1991, p. 88.

la théorie de la relativité restreinte ; un grand portrait d'Einstein, souriant, un livre à la main, trône à la fenêtre du premier étage. Manifestement, on a cherché à conserver l'atmosphère de l'époque : rue pavée et partiellement piétonne, immeubles figés dans leur apparence d'autrefois. Cette préservation des lieux semble avoir arrêté le cours du temps : ils exhalent l'histoire, et l'histoire est devenue grande.

L'appartement des Einstein a été reconstitué et transformé en un petit musée de trois pièces dans lequel sont exposés toutes sortes d'objets, un bureau, une pipe, un encrier, des meubles. Sur les murs, des portraits du couple entre 1903 et 1909. Souvent, les vieilles photos estompent l'éclat de ce qu'elles montrent : le passé y devient un peu gauche, empoté, attendrissant ; il a l'air littéralement "dépassé". Par contraste, la réalité présente paraît fiable, éclatante, en définitive plus vraie. Mais là, peut-être par une sorte d'"effet musée", ces deux impressions se combinaient, s'emboîtaient l'une à l'autre : 1905 me semblait presque aussi vif que 2015.

Entre ces murs tapissés de motifs végétaux, Einstein a chaleureusement vécu et miraculeusement pensé. À mesure que je me déplaçais, mon corps traversait la rémanence de sa silhouette. Brutale présence de son évanescence…

Au rez-de-chaussée de l'immeuble, sous les arcades, se trouve l'Einstein Kaffee & Rauchsalon. Je m'y fis servir deux décilitres d'un rhum ambré, à la coloration presque dorée, dont l'arôme si délicieux provient – vague réminiscence d'un vieux cours de chimie – des gracieuses molécules d'acide 2-éthyl-3-méthylbutanoïque qu'il contient en une parfaite proportion. Sur une longue étagère qui fait le tour de la pièce sont alignées à la queue leu leu des dizaines de bouteilles noires, “la cuvée Einstein”, à l’étiquette tout aussi noire, sur laquelle est écrit en lettres blanches : *À votre santé n° 1*. Au moment de partir, je saisis au hasard l’une d’entre elles que j’allai aussitôt payer à la caisse. Quelques semaines plus tard, je l’ouvrais fièrement devant deux amis physiciens, grands admirateurs d’Einstein. Hélas, en fait de vin, la bouteille, qui n’avait été placée sur l’étagère qu’à des fins décoratives, contenait une odieuse eau de vaisselle que je recrachai illico. Morale de l’histoire : qui veut l’ivresse ne doit pas se tromper de flacon.

Depuis un an, Albert, Conrad et Maurice avaient pris l’habitude de se retrouver dans des brasseries pour discuter ensemble de physique jusque tard dans la nuit, en buvant du café, en mangeant des saucisses et du fromage, parfois seulement deux œufs durs chacun. Ils riaient si souvent et de façon si sonore que le voisinage les regardait d’un œil soupçonneux : “Nous étions d’une joie débordante, écrirait plus tard Maurice Solovine. C’est bien à nous que s’appliquaient ces paroles d’Épicure : *La belle chose que la pauvreté joyeuse*[1] *!*”

Ensemble, ils aimaient assister à des récitals de musique classique, ou partir pour de longues marches dans les vallons environnant la ville, parfois même de nuit. Des hauteurs du Gurten, la montagne allongée qui borde le sud de Berne, ils contemplaient le lever du soleil. Par temps clair, ils pouvaient apercevoir la grande horloge de Berne, distante de plusieurs

1. Albert Einstein, *Lettres à Maurice Solovine*, Introduction, Gauthier-Villars, Paris, 1956, p. VI.

kilomètres. Avec des jumelles, ils parvenaient même à distinguer ses aiguilles. Einstein se prenait alors à rêver : “Quelle heure est-il exactement *pour nous* ?” S'ils voyaient les aiguilles de l'horloge indiquer 7 heures, était-il aussi 7 heures à l'endroit où ils se trouvaient, ou 7 heures passées d'une fraction de seconde, le temps que la lumière partie du cadran les atteigne ? Et quelle heure serait-il si leur distance par rapport à l'horloge était beaucoup plus grande ? Et s'ils étaient en mouvement par rapport à elle ? Malgré un quotidien peuplé d'épluche-légumes et de grille-pains, toujours cette obsession, cette interrogation lancinante à propos des effets, sur la mesure du temps, de la propagation de la lumière dans l'espace. La vitesse de la lumière nouerait-elle secrètement l'espace et le temps ?

En mai 1902, les trois amis avaient créé une parodie d'académie, réduite à trois membres, dans le but de “se divertir aux dépens de [ses] grandes vieilles sœurs bouffies d'orgueil[1]”, et l'avaient malicieusement baptisée “l'académie Olympia”. Cette “contre-communauté” fut l'une des plus fructueuses de l'histoire des sciences. À la fois président et trésorier, Einstein harcelait ses amis pour qu'ils s'acquittent de leur cotisation et les réprimandait (gentiment) s'ils ne s'étaient pas présentés à une réunion. Mileva assistait de temps à autre aux séances d'Olympia, sans en être un membre officiel.

Le trio étudiait et discutait les œuvres de scientifiques et de philosophes, notamment Henri Poincaré, esprit universel qu'intéressait aussi la question du lien entre temps, espace et mouvement. Justement,

1. Lettre datée du 3 mai 1953, *ibid.*

il venait de publier *La Science et l'Hypothèse*, un ouvrage révolutionnaire qui "tint en haleine les membres d'Olympia pendant plusieurs semaines d'affilée[1]". On y lit en particulier cette phrase : "Il n'y a pas de temps absolu : dire que deux durées sont égales est une assertion qui n'a, par elle-même, aucun sens et qui n'en peut acquérir un que par convention. Non seulement nous n'avons pas l'intuition directe de l'égalité de deux durées, mais nous n'avons même pas celle de la simultanéité de deux événements qui se produisent sur des théâtres différents." Mais alors, se demandèrent sans doute les trois mousquetaires intellectuels, comment peut-on savoir l'heure qu'il est à Paris quand on est à Berne ? La question n'était pas celle du décalage horaire : elle devenait celle du transport du temps dans l'espace.

Ils se passionnèrent aussi pour Kant, chez qui le temps et l'espace ne sont pas des entités autonomes et naturelles, mais de simples "conditions subjectives de notre intuition", dans lesquelles s'ordonnent nos sensations. Mais, se demandèrent-ils, en faire ainsi des formes données *a priori*, avant toute élaboration rationnelle, avec lesquelles on ne peut aucunement "jouer", n'est-ce pas les situer un peu trop haut ? Ne faudrait-il pas plutôt faire descendre l'espace et le temps de ces altitudes himalayesques pour les ajuster et les rendre utilisables ? Puis ils passèrent à Hume, qui critique le rationalisme dogmatique, affirmant qu'on ne peut atteindre la vérité absolue car les idées et impressions humaines sont subjectives. À John Stuart Mill aussi, qui, dans son *Système de logique inductive et déductive*, explique

1. Propos de Maurice Solovine, *ibid.*, p. VIII.

que la nature est uniforme et prévisible, les mêmes circonstances engendrant toujours les mêmes phénomènes – ce qu'Einstein contestait, au motif que l'induction ne permet pas de fonder les bons concepts de la physique[1]. Enfin, et peut-être surtout, à Ernst Mach dont *La Mécanique et son développement* (1883) formule une critique globale des bases philosophiques de la physique newtonienne, en particulier du concept d'espace absolu indépendant des objets et de leurs mouvements : selon lui, l'espace ne peut avoir d'existence "séparée", au sens où il ne peut se penser que comme relation entre les objets. Cette critique radicale vaut également, par l'effet d'une sorte de contagion conceptuelle, pour le temps newtonien, lui aussi absolu, idéal, indifférent aux phénomènes qui se déroulent en son sein : a-t-il encore à voir avec le temps tel que nous l'éprouvons et le voyons agir autour de nous ?

À la fin de sa vie, Einstein reconnaîtrait que sans la lecture des grands penseurs, il ne serait sans doute pas parvenu à la "solution", c'est-à-dire à la théorie de la relativité restreinte. Un certain usage de la philosophie lui semblait donc essentiel. Mais insuffisant : dans les phases de grande création, il est précieux de pouvoir dialoguer avec un esprit frère ou une âme sœur. En janvier 1904, Einstein proposa à son ami Michele Besso de venir le rejoindre à

1. Il écrira plus tard à Maurice Solovine : "Aucune méthode inductive ne peut conduire aux concepts fondamentaux de la physique. L'incapacité à le comprendre est la plus grave erreur philosophique de nombreux penseurs du XIXe siècle." Lettre du 24 avril 1920, *ibid.*, p. 28.

Berne. Grâce aux bonnes relations qu'il entretenait avec son directeur, il put lui obtenir un poste d'expert au Bureau fédéral de la propriété intellectuelle. Albert dirait plus tard de Michele qu'il était "le catalyseur le plus efficace d'Europe". Esprit universel, toujours en éveil, à l'affût d'idées nouvelles ou originales, Besso enrichissait ceux qui le fréquentaient par l'intelligence et la vivacité de sa conversation. Avec lui, Einstein mettait à l'épreuve la solidité de ses arguments, gagnait en rigueur, en exigence aussi. Il s'en servait comme un joueur de tennis du mur qui renvoie toutes les balles, sans exception. "Sa force ne réside pas dans l'apport personnel de matériaux de construction, dirait Einstein de son ami, mais, à l'instar de Socrate, dans leur polissage : c'est sa façon de collaborer[1]." Besso, lui, se voyait plutôt comme un moineau emporté vers les hauteurs par un aigle. Un moineau est incapable de voler à pareille altitude, pourtant, là-haut, il lui arrivait fugitivement de voltiger au-dessus de l'aigle.

Quelques mois plus tard, le 14 mai 1904, Mileva accouchait d'un premier fils[2], prénommé Hans-Albert et surnommé Bubi. Certains soirs, Einstein travaillait à ses calculs sur une petite table en berçant

1. Albert Einstein, Lettre à Heinrich Zangger, datée du 7 octobre 1909, citée in *Correspondance avec Michele Besso, op. cit.*, p. 73.
2. Il s'agissait en fait du deuxième enfant d'Albert et de Mileva. Le 4 février 1902, avant leur mariage, Mileva repartit en Hongrie, à Vojvodine, ville située à quelques dizaines de kilomètres au nord de Belgrade, pour accoucher dans la famille de ses parents. Elle donna naissance à une petite fille prénommée Lieserl, dont on sait fort peu de chose si ce n'est qu'elle est – peut-être – morte de diphtérie dans son tout jeune âge ou qu'elle fut probablement placée dans une famille d'accueil.

son fils, ou l'installait sur ses genoux en le tenant d'une main et en écrivant de l'autre, un fort mauvais cigare au coin des lèvres[1]. Il pouvait se montrer un père affectueux, attentionné et patient. C'est pendant cette période que fut prise la première photo que j'avais punaisée sur le mur de ma chambre d'adolescent : vêtu d'un épais costume clair, le nœud de cravate bizarrement agencé, il est debout, les mains dans les poches, nonchalamment adossé à un mur. Tout son être respire la joie de penser.

Sans que personne ne le sache, un nouvel univers se construisait là, à Berne, au calme, entre brevets, rêveries, soirées amicales, langes et babillages. Un univers radicalement neuf que son auteur n'allait pas tarder à présenter à la face du monde. Au cours de l'année 1905, au terme d'un cheminement dont l'inspiration et le déroulé précis demeurent mystérieux, Albert Einstein, cet authentique outsider qui n'appartenait ni au sérail universitaire ni à aucune académie officielle, rédigea cinq articles extraordinaires. Quatre d'entre eux déploient des idées littéralement révolutionnaires ou contiennent les ferments de théories nouvelles, "telles des fusées de repère qui, dans l'obscurité de la nuit, ont soudain jeté un éclair bref mais puissant sur une immense zone inconnue[2]", dirait Louis de Broglie. Si les historiens spécialisés sont capables de reconstituer avec une grande précision les nappes d'espace-temps qui

1. Ces détails sont rapportés par David Reichinstein, qui fut l'un des étudiants d'Einstein (Roger Highfield et Paul Carter, *The Private Lives of Albert Einstein*, Faber and Faber, Londres, 1993, p. 130).
2. Cité par Ronald Clark, in *Einstein, sa vie et son époque*, traduction de l'anglais par Roland Bauchot, Stock, Paris, 1980, p. 80.

ont entouré ces jets de singularité, aucun ne parvient jamais à les saisir en eux-mêmes, ni la loi de continuité qui les relie secrètement, ni par quelle exacte série d'événements obscurs la production de cette œuvre fut amenée.

C'est pourquoi l'on parle de 1905 – l'année de la mutinerie du cuirassé *Potemkine*, des créations du *Pelléas et Mélisande* de Schönberg, de *La Mer* de Debussy, du *Partage de midi* de Claudel, du *Garçon à la pipe* de Picasso – comme de l'*annus mirabilis* de la physique !

9

LES *QUANTA* SE METTENT EN LUMIÈRE (mars 1905)

Claudel dit à peu près qu'un certain bleu de la mer est si bleu qu'il n'y a que le sang qui soit plus rouge.

MAURICE MERLEAU-PONTY

De la terrasse de l'hôtel Bellevue, sur les hauteurs de Berne, on surplombe l'Aar et sa boucle aux eaux turquoise. Assis au soleil, je contemplais au loin la chaîne de l'Oberland dont j'avais gravi les principaux sommets quelques années plus tôt. Le ciel était bleu, invariablement bleu, d'une infinie transparence. J'imaginai les innombrables rayons de lumière qui se réfléchissaient sur les montagnes puis voyageaient jusqu'à mes yeux. Songe impossible? "L'étonnement, écrit Paul Valéry[1], ce n'est pas que les choses soient : c'est qu'elles soient *telles*, et non telles autres." Comment nous apparaîtrait le monde si la lumière était autrement qu'elle se trouve être?

1. Paul Valéry, *Introduction à la méthode de Léonard de Vinci*, deuxième édition, "Notes et digressions", éditions de la Nouvelle Revue française, Paris, 1919.

Inspiré par le calme alentour, je décidai de me livrer à un exercice mental de courte durée, entre veille active et demi-sommeil. Car la rêverie peut apporter des enseignements sur les rapports de la volonté et de l'imagination, à la condition d'être orientée. D'un coup de gomme, j'effaçai cent dix ans de connaissances sur la lumière pour revenir à ce qu'on savait d'elle au début du XXe siècle ; à défaut de pouvoir raisonner comme Einstein, je tentai de me couler dans l'ignorance et le savoir d'alors.

En ce temps-là, les physiciens avaient unanimement conclu, d'une façon claire et définitive – du moins le croyaient-ils –, que la lumière était une vibration, une propagation d'ondes électromagnétiques à travers l'éther luminifère, chacune de ces ondes étant caractérisée par sa fréquence. Comment, en effet, expliquer la capacité qu'a une lumière de fréquence donnée d'interférer avec elle-même, c'est-à-dire de produire davantage de lumière dans certains cas, lorsqu'elle s'ajoute de façon constructive à elle-même, et au contraire d'engendrer de l'obscurité lorsqu'elle s'ajoute de façon destructive ? En affirmant, pardi, qu'elle est de nature ondulatoire ! Seules les ondes sont capables, par nature, de produire un tel phénomène ! L'argument ne semblait souffrir aucune contestation.

Obsédé par la lumière, Einstein l'était, depuis toujours. Adolescent, déjà, il cogitait sur l'effet photoélectrique découvert par Heinrich Hertz en 1887 : envoyée sur un matériau, la lumière peut en expulser des électrons, qui jaillissent alors en formant une espèce de pluie d'électricité. Mais, depuis peu, un physicien expérimentateur, Philipp Lenard, avait mis en évidence certaines caractéristiques de ce phénomène dont l'étrangeté fascinait Einstein : "Mon petit chat, écrivit-il à Mileva, je viens juste de lire un article formidable de Lenard sur la production de rayons cathodiques par la lumière ultraviolette. Ce morceau de choix m'a fait une telle impression, il me met dans un tel état de bonheur et une telle joie qu'il faut absolument que je t'en fasse profiter[1]." Illuminé par une lumière bleue, même faible, un métal émet systématiquement un flux d'électrons ayant tous la même vitesse, mais si la lumière est rouge, fût-elle très intense, ce phénomène ne se produit plus ! Bleue ou rouge, pourtant, la lumière est de même nature, composée d'ondes électromagnétiques qui ne diffèrent que par leur fréquence. Serait-ce un caprice de la matière ? Ou bien existerait-il différentes sortes de lumière ?

Il se trouve que cinq ans plus tôt, un célèbre physicien allemand, Max Planck, s'était heurté de plein fouet à une autre bizarrerie de la lumière et de ses couleurs : le spectre du corps noir. Et il n'en était pas ressorti indemne.

Les forgerons, les potiers et les verriers le savent bien : un corps qu'on chauffe rayonne. D'abord rouge sombre, la lumière qu'il émet passe au rouge cerise si l'on augmente la température, puis à l'orange, enfin au jaune. La correspondance entre température et couleur est indépendante de la nature du corps – bout de bois ou fer à cheval, le phénomène se retrouve à l'identique.

Cette propriété universelle avait conduit les physiciens à envisager un objet idéal, un "corps noir",

1. Lettre du 28 mai 1901, n° 36, *in* Albert Einstein et Mileva Marić, *Lettres d'amour et de science*, *op. cit.*, p. 98.

c'est-à-dire capable d'absorber toutes les radiations lumineuses. À vrai dire, un corps noir n'est vraiment noir que lorsque sa température est strictement nulle : s'il est chaud, il rayonne de la lumière, visible ou invisible. Pour les physiciens de la fin du XIXe siècle, le problème consistait à expliquer la structure du rayonnement émis par un corps noir à une température donnée, c'est-à-dire à déterminer les différentes fréquences de la lumière qu'il contient et leurs intensités respectives. Mais les résultats de leurs calculs présentaient un fâcheux défaut. Ils n'étaient pas conformes aux mesures réalisées en laboratoire sur des dispositifs censés se comporter pratiquement comme des corps noirs : des fours portés à différentes températures et dans la paroi desquels avait été pratiquée une petite ouverture.

Aussi Max Planck avait-il fini par énoncer un postulat totalement contraire à ce que supposait la physique d'alors, ce qui le désespérait : les échanges d'énergie entre le rayonnement et la matière se feraient exclusivement par paquets discontinus d'énergie. Ces paquets, il les nomma *quanta* : une lumière de fréquence donnée n'échange de l'énergie qu'en payant avec des "pièces de monnaie", qui sont des multiples entiers d'une quantité fondamentale, d'autant plus grande que la fréquence est plus élevée. Une fois intégrée dans les calculs, cette hypothèse des *quanta* avait l'immense vertu de produire un résultat qui s'accordait parfaitement avec les mesures expérimentales. Mais son auteur lui-même éprouvait pour elle la plus vive répugnance, car elle contredisait des principes qui faisaient autorité : ceux de la théorie électromagnétique de la lumière, selon lesquels les échanges d'énergie entre la lumière et la matière peuvent se réaliser en n'importe quelle quantité. Aussi s'entêtait-il à n'y voir qu'un simple "truc", le fruit d'une "conjecture heureuse", et non une vérité physique, comme si le hasard de ses calculs l'avait conduit à un résultat contraire à ses convictions. C'est donc presque la mort dans l'âme que le 14 décembre 1900 Planck avait lu devant l'Académie des sciences de Berlin un mémoire présentant ces conclusions.

Einstein, pour sa part, n'éprouvait pas les scrupules de son aîné. L'hypothèse des *quanta* résolvait-elle le problème du corps noir ? À merveille. Elle contrevenait à la physique classique : et alors ? En rebelle qu'il était, Einstein considérait qu'un énoncé ne gagne pas en vérité du seul fait qu'on a pris l'habitude de le répéter – au contraire, les connaissances acquises sont celles qu'il convient d'abord d'interroger. Les caprices de l'effet photoélectrique étaient un fait, et un fait bel et bien observé.

Saisissant à bras-le-corps les arguments de Max Planck, Einstein eut l'idée de pousser jusqu'à l'extrême l'intuition de son aîné, puis de l'appliquer au mystère de l'effet photoélectrique. La lumière, avança-t-il, ne serait pas seulement faite d'ondes électromagnétiques ; elle contiendrait aussi des corpuscules, soit des *quanta* de lumière. Ainsi s'expliquerait de façon naturelle l'étrange résultat obtenu par Max Planck : si les échanges d'énergie entre la lumière et la matière sont "quantifiés", c'est tout simplement parce que la lumière elle-même est constituée de *quanta* d'énergie.

Ce serait des corpuscules de lumière qui bombardent le métal de façon sporadique, un peu comme des obus d'artillerie, et non des ondes qui viennent l'éclairer régulièrement et uniformément.

Ce scénario tout simple reposait en somme sur deux postulats :

– la lumière est structurée en petits paquets d'énergie, les *quanta* (qui seront plus tard baptisés "photons"), ce qui implique que sa structure soit, au moins pour partie, corpusculaire ; à rebours des apparences, la lumière est une sorte de gaz, un gaz de photons ;

– l'énergie transportée par un *quantum* dépend de la fréquence de la lumière dont il est partie prenante ; plus cette fréquence est élevée, plus son énergie est grande ; les *quanta* présents au sein d'une lumière bleue contiennent plus d'énergie que ceux d'une lumière rouge.

Grâce à de telles hypothèses, les caractéristiques étranges de l'effet photoélectrique s'expliquaient aisément. Lorsqu'il arrive en contact avec le métal, un *quantum* de lumière transmet une partie ou la totalité de son énergie à un électron emprisonné dans le métal. Si l'énergie est suffisante pour l'extraire de sa "cage", l'électron se trouve libéré et mis en mouvement, produisant l'effet photoélectrique. Ainsi en va-t-il des *quanta* d'une lumière bleue. Mais si l'énergie ne suffit pas, l'électron demeure emprisonné et l'effet photoélectrique n'a pas lieu. C'est le cas des *quanta* d'une lumière rouge.

Einstein était conscient que cette hypothèse rendait difficilement explicables d'autres phénomènes fort bien connus – la réflexion, la réfraction et la diffraction de la lumière –, qui s'interprètent en revanche facilement si l'on admet que la lumière est ondulatoire[1]. Surtout, cette hypothèse ne permettait

1. Isaac Newton, qui pensait que la lumière était faite de corpuscules, avait déjà dû affronter cette difficulté. Pourquoi, sur une

plus d'expliquer le fait que la lumière donne lieu à des interférences : de la lumière éclairant de la lumière peut produire encore plus de lumière, ce qui ne surprend guère, mais elle peut aussi créer de l'obscurité, ce qui est plus inattendu, mais facilement compréhensible si l'on admet que la lumière est constituée d'ondes[1]. Dès lors, comment conjuguer les leçons de l'effet photoélectrique et celles des interférences lumineuses ? La lumière serait-elle donc à la fois onde et corpuscule ? Une telle hypothèse contredisait de plein fouet la physique classique, selon laquelle ondes et corpuscules appartiennent à des catégories d'objets radicalement antinomiques. Les corpuscules sont localisés dans une région très restreinte de l'espace, tels des grains de sable dont la taille tendrait vers zéro. Ils décrivent des trajectoires nettes le long desquelles, à tout instant, leur position et leur vitesse sont bien déterminées. Les ondes, au contraire, occupent, sinon la totalité de l'espace, du moins une certaine portion, et elles n'ont pas plus de trajectoire que la houle de l'Atlantique venant frapper les côtes bretonnes.

Sans le savoir, en envisageant cette incroyable possibilité – celle d'une nature à la fois ondulatoire et corpusculaire de la lumière –, Einstein ouvrait grandes les portes à une nouvelle physique : la physique

surface réfléchissante telle que l'eau, un certain pourcentage de la lumière est-il réfléchi, cependant qu'un autre est réfracté dans l'eau ? se demandait-il. Il répondait à cette question en disant que certains corpuscules étaient animés par un "élan de réflexion aisée" et d'autres par un "élan de transmission aisée"...

1. Les parties brillantes naissent de la coïncidence de deux sommets d'onde, tandis que les parties sombres résultent de la superposition d'un sommet et d'un creux d'onde.

quantique, qui bientôt rendrait compte du comportement non seulement de la lumière, mais de toute la matière, à l'échelle microscopique. Le 17 mars 1905, il envoya son article à la plus ancienne et la plus prestigieuse des revues de physique, *Annalen der Physik*[1], dont l'éditeur, Wilhelm Wien, était lui-même un grand physicien, avant de s'en retourner à ses épluche-légumes et autres machines à mouvement perpétuel dans son petit bureau, au croisement de la Genfergasse et de la Speichergasse, dans le quartier dit rouge de la vieille ville. C'est pour cette percée décisive qu'Einstein se verrait attribuer en 1921 le prix Nobel de physique.

En réalité, cette distinction lui fut accordée de façon rétroactive. Il était à Shanghai, où le *Kitanu Maru* qui l'emmenait au Japon avait fait escale, quand il reçut le télégramme officiel, le 9 novembre 1922. Le prix lui était décerné "pour ses contributions à la physique théorique et spécialement pour sa découverte de la loi de l'effet photoélectrique". En découvrant que ses travaux sur la relativité n'étaient nullement mentionnés, il laissa éclater un rire tonitruant. En dépit de diverses recommandations, dont celle de Planck, le comité Nobel et ses rapporteurs avaient émis un jugement très négatif sur la théorie en question[2].

1. "Sur un point de vue heuristique concernant la production et la transformation de la lumière", *Annalen der Physik*, 17, 1905, p. 132-148.
2. Il se vengea de façon subtile : profitant de son séjour au Japon, il n'assista pas à la très solennelle remise des prix Nobel et remplaça son discours de récipiendaire par une conférence qu'il donna le 11 juillet 1923 à Göteborg, en présence du roi Gustave V, et qu'il intitula "Idées fondamentales et problèmes de la théorie de la relativité" !

Toujours assis à la terrasse de l'hôtel Bellevue, le regard perdu dans l'Oberland, je compris que cet article avait eu sur moi une puissance destinale. Je savais rétrospectivement gré à Einstein de cette découverte miraculeuse : le monde a quelque chose de quantique. Dans sa seule version classique, avec ses corpuscules d'un côté, ses ondes de l'autre, son déterminisme glaçant à tous les étages, la physique m'aurait laissé froid. Qu'aurais-je fait sans Einstein ? me demandai-je. Et sans les montagnes ? Sans doute n'aurais-je jamais découvert mon *topos*, mon monde à moi, où physique et sommets occupent des places de choix, et parfois même se rejoignent. La physique n'est-elle pas une sorte d'alpinisme intellectuel consistant à grimper jusqu'à des altitudes où le logos est rare et la vérité mutique ?

10

L'ATOME FAIT SES PREUVES
(mai 1905)

Les idées ont une vie qui est loin d'être idéale.

MILLER LEVY

Pour comprendre le deuxième miracle de 1905, il suffit de regarder un morceau de matière ordinaire – caillou, fromage, papier, bois, acier. Ou cette tasse de thé, là, devant moi. Puis, en se concentrant, "de descendre, spirale après spirale, l'escalier de l'Être", comme disait Bachelard, pour le découvrir constitué d'atomes innombrables. Cette gymnastique mentale, le moindre lycéen d'aujourd'hui s'y prête sans y penser, tant il va de soi pour chacun que la matière est faite d'atomes, eux-mêmes formés d'un nuage d'électrons entourant un noyau. Mais, en ce début de XXe siècle, l'atome n'avait pas été détecté, encore moins observé. Aussi les physiciens se répartissaient-ils en deux camps : ceux qui "croyaient" à son existence, tels Amedeo Avogadro, James Clerk Maxwell, Ludwig Boltzmann ou Josiah Willard Gibbs, dont les travaux avaient établi qu'on peut comprendre la dynamique des gaz en supposant qu'ils sont des ensembles d'atomes et de molécules qui se déplacent et se heurtent constamment ; et ceux qui n'y "croyaient" pas, au motif que, son existence physique n'ayant jamais été prouvée, l'atome n'était qu'une idéalité métaphysique, vieille de deux mille cinq cents ans. Un objet invisible – donc inexistant.

Einstein appartenait au premier camp. Mais il n'avait que faire des "croyances" et des spéculations. Cette existence de l'atome que lui soufflait son intuition, il s'agissait de la prouver. Comment l'idée lui vint-elle de se reporter à un phénomène étudié quelque soixante-dix-huit ans plus tôt par un botaniste écossais ? Mystère. Le fait est qu'en 1827 un dénommé Robert Brown, travaillant alors au British Museum sur la collection de Sir Joseph Banks, et observant au microscope les grains de pollen d'une fleur sauvage appelée *Clarkia pulchella*, qu'il avait placés à dessein dans l'eau, remarqua avec étonnement l'agitation erratique et permanente des très fines particules oblongues en suspension. Quel pouvait être l'inusable moteur de cette folle sarabande ? Brown eut l'idée d'examiner en détail ce phénomène connu de longue date, découvrant à cette occasion que, loin d'être réservé au pollen, ce "mouvement brownien" s'étendait à toutes sortes de particules, y compris minérales[1]. Il se produit en vérité chaque fois que de petites particules inanimées, par exemple du verre finement moulu, se trouvent en suspension dans de l'eau ou

1. "A Brief Account of Microscopical Observations Made in the Months of June, July and August 1827 on the Particles Contained in the Pollen of Plants and on the General Existence of Active Molecules in Organic and Inorganic Bodies", *Edinburgh New Philosophical Journal*, 1828.

au sein d'un gaz : plus ces particules sont grosses, plus le mouvement est lent ; plus la température du liquide est élevée, plus il est rapide.

Je louchai sur mon verre de thé encore chaud. Mais il était inutile que je le gâche en y répandant des grains de poussière, le mouvement brownien est imperceptible à l'œil nu. C'est ici, dans cette ville, me dis-je pour me consoler de mon impuissance, que, par la seule force de son entendement, Einstein avait su voir l'invisible – ce qui se cachait derrière le mouvement brownien. Ce que son œil vit, celui de Brown l'avait certes vu avant lui : des particules en suspension, agitées d'un mouvement désordonné. Mais ce qu'il discerna derrière ce spectacle ne pouvait l'être que par l'œil de la pensée : loin d'être de simples caprices, les déplacements erratiques reflètent un ordre sous-jacent, déterminés qu'ils sont par l'agitation de corpuscules invisibles – les molécules d'eau. Innombrables et minuscules, ce sont elles qui heurtent frénétiquement les particules en suspension, de poussière ou de verre, les obligeant à changer sans cesse de direction. Les particules en suspension ne sont que le relais entre deux mondes : le visible et l'invisible. Si leur grandeur permet de les observer, leur petitesse les rend sensibles aux chocs des molécules individuelles qui dévient leur trajectoire.

Que la particule immergée soit suffisamment grosse (par exemple, un morceau d'aiguille de pin), et les très nombreux chocs qui se produisent dans toutes les directions s'équilibrent ; leur résultante, quasi nulle, ne provoque nul mouvement. Microscopiques, en revanche, les chocs qu'elle subit, beaucoup moins nombreux, ne peuvent se compenser totalement sur un temps donné. En permanence, leur résultante est non nulle, fluctuante, provoquant un déplacement visible de la particule. Un déplacement en zigzag, né du "comportement de foule" des atomes et des molécules, qui vont d'abord dans une direction donnée, puis dans une autre[1].

Le 11 mai 1905, Einstein adressait à *Annalen der Physik* son deuxième article, qu'il intitula de manière anodine "Sur le mouvement de particules en suspension dans un fluide au repos impliqué par la théorie cinétique moléculaire de la chaleur[2]". Rien n'indiquait qu'il y fût question de l'atome. Sans avoir l'air d'y toucher, il provoqua pourtant une véritable rupture dans l'histoire des sciences. Dès 1906, à Paris, Jean Perrin entreprendrait en effet de tester l'idée de ce jeune inconnu nommé Albert Einstein en menant plusieurs expériences avec des milieux de viscosité différente et des grains de tailles diverses. Ces mesures confirmèrent les prédictions, et validèrent du même coup l'hypothèse atomique sur laquelle elles étaient fondées. En 1908, vingt-cinq siècles

1. Si cette interprétation est correcte, on s'attend à ce que le mouvement de la particule soit d'autant plus prononcé que la taille de celle-ci est petite, que la viscosité du liquide est faible et que sa température est grande. Einstein put établir la formule rigoureuse établissant les caractéristiques d'un tel déplacement. Elle relie directement le nombre d'Avogadro au coefficient de diffusion des particules et au coefficient de viscosité du fluide.

2. Albert Einstein, *Annalen der Physik*, 17, *op. cit.*, p. 549-560. À la fin de cet article, Einstein calcula que dans une eau dont la température est de 17 degrés Celsius, les particules présentant un diamètre d'un millième de millimètre (soit dix mille fois plus grand que celui d'un atome) doivent se déplacer en moyenne de six millièmes de millimètre à la minute.

après Démocrite, la réalité des molécules, donc des atomes qui les constituent, était enfin établie.

Grains de lumière, grains de pollen, grains de matière, tous ont germé ici, à Berne. Au cours des premiers mois de 1905, le mobilier ontologique de la physique a soudain gagné en corporéité lumineuse et matérielle. C'est à ce moment-là que son XXe siècle a vraiment commencé.

Les yeux rivés sur mon verre de thé, je ne voyais toujours qu'un liquide calme, inerte, homogène et continu en apparence, alors même que je le savais siège de discrètes violences entre des petits corps que mes yeux ne pouvaient détecter. Me revint en mémoire une remarque de Schopenhauer : Avoir du talent, c'est atteindre un but que les autres ne peuvent pas atteindre ; avoir du génie, c'est atteindre un but que les autres ne peuvent même pas voir.

Je bus lentement mon thé, inhabituellement conscient des milliards de myriades d'atomes d'hydrogène et d'oxygène que j'ingurgitais à chaque gorgée. Et je me pris à songer à leur céleste lignée, encore mal connue à l'époque d'Einstein : les atomes d'hydrogène se sont formés dans l'univers primordial – il y a plus de treize milliards d'années – et ceux d'oxygène dans le cœur brûlant d'une étoile – il y a environ cinq milliards d'années –, qui les a ensuite dispersés dans le vide intergalactique. La matière du présent provient de vertigineusement loin. Ma lente désaltération devenait ainsi un acte grave et profond, un geste qui me reliait intimement à l'histoire de l'univers : mon corps absorbait en définitive des bribes de l'aurore du monde mélangées à des cendres plus tardives du feu stellaire.

11

LA RELATIVITÉ OU LA PROMOTION DE L'INVARIANCE (juin 1905)

De moment à autre, un homme redresse la tête, renifle, écoute, considère, reconnaît sa position ; il pense, il soupire, et, tirant sa montre de la poche logée contre sa côte, regarde l'heure. Où suis-je? et Quelle heure est-il? : telle est de nous au monde la question inépuisable.

PAUL CLAUDEL

Chaque matin, Einstein marchait pour rejoindre son lieu de travail, situé à seulement quelques rues de son domicile. D'un pas tranquille, il passait sous la voûte de la tour de l'Horloge – le Zytgloggenturm en bernois –, qui sert de passage aux piétons. Ce jour-là, je la découvris encore plus impressionnante et plus comminatoire que dans mon imagination. Aussi haute qu'un immeuble de cinq étages, avec ses deux cadrans astronomiques et son toit garni d'une flèche, elle domine les lieux et semble signifier que le temps surplombe l'espace. Depuis 1905, la petite aiguille du cadran avait effectué plus de quatre-vingt mille tours, ponctuant de façon trompeusement cyclique le passage linéaire et irréversible du temps. À l'époque, un détail n'avait pu laisser Einstein indifférent : la Zytglogge était reliée aux autres horloges de la ville, de sorte que toutes étaient synchrones ; lorsque l'aiguille indiquant les minutes avançait, celles des autres horloges suivaient instantanément. Le temps de Berne apparaissait ainsi unifié. Peu d'autres villes avaient cette particularité, certainement inspirante pour Einstein.

En ce tout début du XXe siècle, chaque grande ville d'Europe voyait midi à sa porte, et parfois même plusieurs midis. Sur la tour de l'île de Genève, trois horloges indiquaient, l'une l'heure moyenne de Genève, l'autre l'heure de Paris, fondée sur l'horaire de la ligne de chemin de fer Paris-Lyon-Méditerranée, la troisième enfin l'heure de Berne. Pareille polychronie créait bien des complications, notamment pour les usagers des chemins de fer, dont le nombre ne cessait d'augmenter, mais aussi pour la coordination des usines, des écoles et des transports de proximité. L'Allemagne s'était emparée du problème grâce à la détermination du comte Helmuth von Moltke. Un temps national homogène est une priorité nationale, avait déclaré cet homme influent devant le Reichstag en mars 1891 ; cette coordination est devenue indispensable pour les voyageurs, et "les voyageurs les plus éminents, ce sont les troupes". Les cadrans des horloges devaient en outre refléter l'unité allemande nouvellement conquise ! L'Allemagne avait donc entrepris de renforcer sa maîtrise spatiale du temps et des heures, et d'autres nations européennes lui avaient emboîté le pas.

Restait à trouver le moyen de synchroniser les horloges sur de longues distances. Ce qui impliquait de s'interroger sur la notion de "simultanéité". Si je heurte ma voisine au coin de la rue, je sais que cela s'est produit, pour elle comme pour moi, au même instant, au même endroit. Mais si deux événements se produisent en deux endroits distincts, comment s'assurer qu'ils se passent en même temps ?

En 1905, les ingénieurs savaient unifier l'heure au sein d'une même ville. Mais lorsqu'il s'agissait de mettre au point des systèmes plus perfectionnés permettant d'étendre la synchronisation à toutes les gares, dans toutes les villes du pays, ils butaient sur des difficultés. Galvanisés par cet enjeu stratégique autant que technologique, les inventeurs de tout poil lançaient des idées de brevets comme les hommes politiques des promesses en temps de campagne électorale. Et où envoyaient-ils leurs demandes de brevet ? Au Bureau de la propriété intellectuelle de Berne. Relais et amplificateurs de signal, générateurs de basse tension, récepteurs électromagnétiques, interrupteurs à contact… À force d'étudier minutieusement les principes physiques de ces brevets, un certain employé de troisième catégorie finit par se convaincre que, décidément, quelque chose clochait dans le royaume de l'électromagnétisme et de son éther luminifère.

Par exemple, lorsqu'on essaie de décrire l'interaction entre un aimant et un matériau conducteur de l'électricité, la théorie fait appel à une force électrique si c'est l'aimant qui est en mouvement, mais à une force magnétique si c'est le matériau conducteur qui se déplace, comme si un phénomène pourtant unique recevait deux explications radicalement différentes[1]. Aux yeux d'Einstein, c'était le signe que

1. Selon la théorie de Maxwell, telle qu'interprétée à l'époque, lorsqu'un circuit électrique fermé est en mouvement dans un

quelque chose n'allait pas, le symptôme d'une asymétrie pathologique dans les principes de la théorie. Dans un manuscrit non publié, il a carrément écrit que cette asymétrie lui était "insupportable" *(unerträglich)*. Du point de vue expérimental, elle ne posait pourtant aucun problème, mais Einstein était guidé par une conviction esthétique : puisque dans la réalité seul compte le déplacement relatif de l'aimant et du conducteur, *il faut* que la théorie n'opère pas de différence selon que c'est l'un ou l'autre qui change de position. Mais comment faire disparaître cette anomalie ?

Un beau matin du mois de mai 1905, après une longue soirée de discussion avec son ami Michele Besso, il eut une sorte d'illumination : "Je compris soudain où se trouvait la clé du problème. Ma solution, c'est une analyse nouvelle du concept de temps. Le temps ne peut pas être défini de manière absolue, et il existe une relation inséparable entre le temps et la vitesse du signal[1]." Einstein venait de saisir que le temps n'est pas indépendant du mouvement dans l'espace : il est relatif, et non pas absolu, car le véritable absolu réside dans la lumière, plus exactement

champ magnétique statique, il se crée une force électromotrice qui génère un courant électrique. Lorsque c'est le champ magnétique qui est en mouvement (avec l'aimant), il apparaît un courant induit dans le circuit électrique au repos. Les effets sont les mêmes, mais les explications théoriques sont différentes. Cela contredit le principe de relativité, qui voudrait que les phénomènes s'expliquent de la même façon dans tous les référentiels (en l'occurrence celui dans lequel le champ magnétique est statique et celui dans lequel c'est le circuit électrique qui est immobile).

1. Albert Einstein, "Kyoto Lecture", 14 décembre 1922, *Physics Today*, p. 46, août 1982. Cité par Albrecht Fölsing, *Albert Einstein, A Biography*, Viking, Londres, 1997, p. 155.

dans sa vitesse, qui est la même dans tous les référentiels, c'est-à-dire indépendante à la fois de la vitesse de sa source et de celle de l'observateur qui la mesure. Einstein tenait ainsi les réponses aux deux questions qu'il s'était posées pendant son adolescence, en Italie, puis en Suisse. Si de la lumière émettait de la lumière, quelle serait la vitesse de la lumière émise ? Réponse : celle de la lumière, la même aux yeux de tous les observateurs. Comment percevrais-je la lumière si je chevauchais un rayon lumineux ? Réponse : cette situation est impossible, puisque la lumière file toujours à la vitesse de la lumière par rapport à moi, quelle que soit ma propre vitesse dans l'espace !

Ainsi Einstein concluait-il le questionnement qu'il avait amorcé en 1899, lors de ses premières vacances à Mettmenstetten, sur l'existence de l'éther luminifère. Attaché à un référentiel absolument immobile, l'éther luminifère entrait en contradiction frontale avec le principe de relativité. Einstein proclama donc sa mort. En conséquence, la propagation de la lumière ne résulte nullement de la mise en branle d'un milieu particulier : elle se produit dans le vide et rien ne vibre à son passage si ce n'est elle-même, plus exactement, les ondes électromagnétiques qui la constituent. La lumière devient du coup un être physique à part entière, autonome, sans support.

J'étais toujours planté devant le Zytgloggenturm quand une autre idée vint m'agiter. Les trois premiers articles de 1905 portent sur des sujets apparemment différents et indépendants les uns des autres : la constitution de la lumière, l'atome, l'espace et le temps. Mais Einstein n'avait-il pas vu un lien entre le premier et le troisième ? En effet, sitôt posée l'hypothèse que la lumière n'est pas un phénomène purement ondulatoire, qu'elle est constituée de *quanta* de lumière, les arguments qui avaient conduit les physiciens du XIXe siècle à introduire l'éther luminifère devenaient discutables : un corpuscule de lumière n'a plus besoin de ce support pour se propager. Par un effet catalyseur, ce premier travail sur la lumière a vraisemblablement aidé Einstein à néantiser l'éther luminifère et à faire le grand saut jusqu'au troisième article qui remanie l'espace et le temps.

Comment savoir si un tel saut s'était réellement produit ? Je n'avais jamais rien lu de très convaincant à ce sujet (à l'exception peut-être d'une lettre, fort sibylline, qu'Einstein écrivit à Max von Laue en 1952[1]), mais j'aimais penser que l'hypothèse des *quanta* et la liquidation de l'éther étaient bel et bien

1. Dans cette lettre, Einstein discute la nouvelle édition du manuel que Max von Laue avait écrit dans les années 1920 sur la théorie de la relativité, et il émet une objection : "Quand on parcourt votre description des vérifications de la relativité restreinte, on a l'impression que la théorie de Maxwell était inattaquable. Or je savais déjà en 1905, avec certitude, que la théorie de Maxwell conduisait à des fluctuations fausses de la pression de radiation, et de là à une évaluation incorrecte du mouvement brownien d'un miroir suspendu dans une cavité de rayonnement de Planck. À mon avis, rien ne permettait mieux d'assigner au rayonnement une structure atomique objective, qui, bien entendu, ne correspond pas au cadre de la théorie de Maxwell" (citée *in* Gerald Holton, *Science en gloire, science en procès. Entre Einstein et aujourd'hui*, traduction de l'anglais par Abi Gezunt, Gallimard, Paris, 1998, p. 151). Einstein semblait ainsi voir une relation essentielle entre ses différents travaux sur le mouvement brownien et la structure quantique du rayonnement, et sa reconsidération plus générale des fondements de l'électromagnétisme.

connectées, qu'elles procédaient d'un seul et même geste de pensée.

Le soir venu, je décidai de rentrer tôt à l'hôtel pour me replonger dans l'article qu'Einstein avait envoyé à la revue *Annalen der Physik* le 30 juin 1905, dans lequel il présentait ce qui deviendrait la théorie de la relativité restreinte : "À propos de l'électrodynamique des corps en mouvement [1]". S'il procède incontestablement du coup de génie d'un individu doté d'une force de frappe et de basculement conceptuel tout à fait singulière, il apparaît aussi comme l'écho élargi d'une préoccupation à la fois collective et d'ordre pratique.

De fait, la première partie du texte ressemble à une sorte de brevet : Einstein parle par endroits à la première personne, les calculs mathématiques sont élémentaires, il n'y a pas de notes infrapaginales ni de référence à quelque article ou expérience scientifique ; l'auteur, qui se veut d'abord pédagogue, s'exprime comme s'il voulait former son lecteur, il ne discute que de processus physiques très simples, tels le comportement des horloges, des règles graduées et des corps en mouvement libre. Les questions posées sont d'une naïveté désarmante : "Que veux-je dire quand je dis que tel train arrive ici, dans cette gare, à 7 heures ?" se demande-t-il. Et les réponses, très explicites : "Cela signifie que le passage de la petite aiguille de ma montre sur le chiffre 7 et l'arrivée du train à quai sont des événements simultanés." Pourquoi diable serait-il si important de rappeler cette évidence à la portée d'un enfant de cinq

1. Albert Einstein, "À propos de l'électrodynamique des corps en mouvement", *Annalen der Physik*, *op. cit.*, p. 891-921.

ans ? En réalité, Einstein progresse en échafaudant une échelle à saumons grâce à laquelle de brillants poissons pourront franchir d'écumeux barrages. À l'époque, le problème de la synchronisation des horloges à distance est posé en sous-entendant qu'elles sont immobiles les unes par rapport aux autres. Einstein, lui, l'étend aux horloges en déplacement relatif et raisonne pas à pas, analysant la signification de concepts qui peuvent sembler trop simples pour être soumis à examen. Là réside une partie de sa puissance : enclencher une dynamique de l'imaginaire, enchaîner les questions élémentaires, tirer le fil conducteur qui les relie, ne jamais lâcher le morceau, détecter des problèmes et aboutir à un nouveau point de vue qui, tel un acide, les dissout.

Pour la première fois, je remarquai qu'Einstein utilise avec insistance le mot "événement" – onze fois en quelques paragraphes. Tout se passe comme si, à ses yeux, les événements qui ont lieu dans l'espace et dans le temps étaient, plutôt que les choses ou les objets, les éléments bruts et primitifs qu'il importe de placer au centre de l'attention, en se gardant de plaquer sur eux des conceptions métaphysiques. La relativité est un prosaïsme de l'événement.

Je finis par m'endormir sans m'en rendre compte. Et tombai dans un sommeil profond, qui eût duré d'une traite jusqu'au matin si deux voix ne l'avaient perturbé. Dans la chambre voisine, deux hommes discutaient avec animation :

> — Enfermez-vous avec un ami dans la plus grande cabine, sous le pont d'un grand navire, et emportez avec vous des mouches, des papillons et autres petites bêtes qui volent, expliquait

le premier, manifestement âgé, avec un accent italien. Quand le navire est immobile, observez-les soigneusement : les petites bêtes qui volent vont à la même vitesse dans toutes les directions de la cabine. Quand vous aurez suffisamment observé cela, faites avancer le navire à la vitesse que vous voudrez. Pourvu que le mouvement soit uniforme, sans balancement dans un sens ou dans l'autre, vous ne remarquerez pas le moindre changement dans tous les phénomènes que je viens d'indiquer : aucun d'entre eux ne vous permettra de savoir si le navire est en marche ou immobile. Les papillons et les mouches continueront à voler indifféremment dans toutes les directions et jamais vous ne les verrez se réfugier vers les parois du côté de la poupe, par exemple, comme s'ils étaient fatigués de suivre la course rapide du navire.

— Personne ne songerait à contester cela, fit une voix juvénile à l'accent allemand. Il en ressort naturellement que deux référentiels en mouvement rectiligne et uniforme l'un par rapport à l'autre sont équivalents, au sens où les phénomènes qu'on observe dans l'un (par exemple, le quai) sont exactement les mêmes que ceux qu'on observe dans l'autre (par exemple, le bateau) : en l'occurrence, que le bateau soit en mouvement ou immobile ne change rien à l'affaire si l'on se place dans le référentiel du quai…

LE VIEILLARD : Référentiel ? Qu'entendez-vous par là ?

LE JEUNE HOMME : Bah ! Tout corps solide, barge, navire, par rapport auquel on repère les positions et les mouvements des objets qui s'y trouvent.

LE VIEILLARD : Soit, s'il vous plaît de l'appeler ainsi. Quoi qu'il en soit, ce principe que vous ne contestez point, je l'appelle quant à moi "principe de relativité".

LE JEUNE HOMME : Un fort bon choix, que la postérité a conservé.

D'un coup, je reconnus les deux hommes... Galilée et Einstein s'étaient rejoints par-delà les siècles, à travers je ne sais quel trou de ver de l'inconscient, par-delà l'espace, par-delà le temps ! Je tendis l'oreille :

GALILÉE : Vous continuez donc de parler du "principe de relativité" ? Vous m'en voyez fort aise. Qu'un objet soit immobile ou en mouvement rectiligne et uniforme, finalement, peu importe, disais-je. Les expériences qu'on effectue dans la cabine d'un navire marchant à dix nœuds donneront le même résultat que celles effectuées dans un autre tranquillement amarré au port.

EINSTEIN : Nous en sommes parfaitement d'accord.

GALILÉE *(s'impatientant)* : Alors, d'où vient que vous prétendiez tout à l'heure avoir sauvé ma théorie ? Quel désastre la menaçait ? Décidément, quelque chose m'échappe.

EINSTEIN : J'y arrive. Revenons sur votre bateau, si vous le voulez bien. Si le capitaine marche à la vitesse V sur le pont, et que le bateau vogue à la vitesse W, la vitesse du capitaine par rapport au rivage sera…

GALILÉE *(avec humeur)* : … V + W, évidemment. J'ai beau être né trois cent quinze ans avant vous, mon jeune ami, je n'ignore point cela. Les vitesses des objets en mouvement se composent en s'additionnant. Qu'il s'agisse d'un capitaine marchant sur le pont d'une goélette à la vitesse V ou d'un cafard se déplaçant dans la cale d'un trois-mâts à cette même vitesse V…

EINSTEIN : Sans doute. Seule y fait exception la lumière de la lanterne accrochée au hauban.

GALILÉE *(sursautant)* : Quoi ? Que me chantez-vous là ?

EINSTEIN : La lumière, voyez-vous, présente cette singularité : sa vitesse, au lieu de s'ajouter à celle de la source qui l'émet, reste toujours et absolument la même. Votre navire pourra bien voguer à mille nœuds, ou à un million de nœuds, la vitesse de la lumière émise par la lampe accrochée au hauban ne sera pas majorée de mille ou un million de nœuds pour autant. Elle restera toujours identique à elle-même : 299 792 458 mètres par seconde, et l'éclat lumineux lancé par la lanterne à telle heure de la nuit n'arrivera pas plus tôt dans l'île située droit devant, que le navire soit immobile ou qu'il avance à mille nœuds.

GALILÉE : Vous avez dit ? 299 792 458 mètres par seconde ? Vous avez donc trouvé moyen de mesurer la vitesse de la lumière ? Je m'y suis moi-même essayé, en vain… Une nuit, j'ai gravi, équipé d'une lanterne, une colline, et demandé à l'un de mes élèves de se rendre au sommet de la colline voisine. Quand je découvrais ma lanterne, il découvrait aussitôt la sienne, tout en poussant un cri. Je pus ainsi évaluer la durée écoulée entre le moment où j'avais découvert ma lanterne et celui où je voyais le signal lumineux envoyé par mon élève. Cette durée me semblait nulle, mais je savais que cela ne prouvait pas que la vitesse de la lumière soit réellement infinie. La seule chose dont on pouvait être sûr, c'est que la lumière voyageait plus rapidement que le son, qui lui mettait un certain temps, non nul et mesurable, à me parvenir.

EINSTEIN : Vous ne pouviez résoudre le problème faute de moyens de mesure adéquats. C'est l'inconvénient d'être né trop tôt. Mais vous avez eu le mérite de le poser correctement.

GALILÉE *(excité comme un enfant)* : Près de 300 000 kilomètres par seconde, m'avez-vous dit… ? Diantre, c'est énorme, vraiment, presque inimaginable, mais non point infini. Et d'où vient que cette vitesse ne s'additionne pas à celle du bateau qui avance ? Comment le savez-vous ?

EINSTEIN : Disons qu'il s'agit d'un pari que j'ai fait, après avoir réfléchi longuement, pendant des années… Admettons, me suis-je dit, que la vitesse de la lumière soit immuable. Que faudrait-il en déduire ? J'ai procédé à une expérience de pensée : imaginons deux personnages, chacun sur une barge géante de 300 000 kilomètres de long. L'une est à l'ancre, immobile. L'autre vogue à 150 000 kilomètres par seconde, à vitesse constante. Dans chacune des barges, à mi-distance de la poupe et de la proue, un pilier sur lequel repose une lanterne éteinte. Dans chacune, une horloge est fixée à la poupe et une autre à la proue. Toutes deux sont synchronisées. À bord de la première barge, le capitaine A. À bord de la seconde, le capitaine B.

GALILÉE *(intrigué)* : Soit… Pour l'instant, je vous suis. Deux "référentiels" en mouvement l'un par rapport à l'autre. Poursuivez.

EINSTEIN : Au départ de notre expérience, la barge B vient de parvenir exactement à hauteur de la barge A. Proue à proue, poupe à poupe. À cet instant précis, midi exactement à leurs horloges respectives. Les capitaines A et B allument ensemble leurs lanternes un fragment de seconde pour les éteindre aussitôt. Quelle heure sera-t-il quand la lumière envoyée par A atteindra la poupe de A ? Et quand atteindra-t-elle sa proue ? Et quand la lumière envoyée par B atteindra-t-elle la proue de la barge B ? Et sa poupe ?

GALILÉE *(bouleversé)* : Jésus Marie ! Je crois comprendre… *(Un long silence.)* Oui, j'ai compris. Sainte Vierge, c'est affolant. Si je me place du point de vue du capitaine B : la lumière de la barge B atteindra la poupe et la proue de B en même temps, au bout d'une demi-seconde, c'est-à-dire à midi et une demi-seconde aux horloges de B. Ces deux événements, pour B, seront parfaitement simultanés. Si je me place maintenant du point de vue du capitaine A, la lumière de la barge A, de même, atteindra la poupe et la proue de A au bout d'une demi-seconde, à midi et une demi-seconde aux horloges de A.

EINSTEIN : En effet, en effet… Mais si le capitaine d'une barge observe ce qui se passe dans l'autre barge…

GALILÉE : … Le capitaine A, sur sa barge immobile, voit passer la barge B à 150 000 kilomètres par seconde par rapport à lui. Leurs deux lanternes se sont allumées au même moment, l'une face à l'autre. Mais une demi-seconde plus tard, la proue de B a avancé de 75 000 kilomètres. Elle est désormais à 225 000 kilomètres de la source du flash lumineux. Le capitaine A en déduit donc logiquement qu'elle n'a pas encore atteint la proue de B à midi et une demi-seconde – alors qu'elle a atteint la sienne.

EINSTEIN : Mais pour le capitaine B, quand l'horloge affiche midi et une demi-seconde, la lumière arrive.

GALILÉE : Je comprends : quand le capitaine A voit midi et une demi-seconde à sa montre, le capitaine B voit midi et un quart de seconde… Autrement dit, si la vitesse de la lumière est immuable, la même dans tous les référentiels alors il faut admettre que le temps de B n'est plus le même que le temps de A !

EINSTEIN : Exactement.

GALILÉE : Et deux événements qui sont simultanés aux yeux du capitaine B – "la lumière atteint la poupe de B", "la lumière atteint la proue de B" – ne le sont plus aux yeux du capitaine de A : ils lui apparaissent décalés dans le temps.

EINSTEIN : Parfaitement !

GALILÉE : C'est extraordinaire ! J'avais donc eu raison de croire que les lois physiques correspondent à des énoncés qui contredisent ce qui nous semble évident. Elles ne ressemblent pas nécessairement aux phénomènes que, pourtant, elles expliquent. En 1604, déjà, j'avais entrepris de ridiculiser certaines des simili-vérités qui s'imposent spontanément à notre esprit. En me servant comme vous d'une expérience de pensée, peut-être la première jamais inventée[1],

1. Galilée raconta cette expérience de pensée par l'intermédiaire de Salviati, l'un des personnages des *Discours concernant deux sciences nouvelles* : "S'il est vrai qu'une grande pierre se meut, par exemple, avec huit degrés de vitesse et une plus petite avec quatre degrés, il s'ensuivra, *si on les attache*, que l'ensemble se mouvra avec une vitesse inférieure à huit degrés. Or, les deux pierres, une fois réunies, forment une pierre plus grande que celle qui se mouvait avec huit degrés de vitesse, et que la plus grande se meut par conséquent moins vite que la plus petite, ce qui va contre votre supposition. Vous voyez donc comment, si vous supposez qu'un mobile plus grave se meut plus vite qu'un mobile moins grave, j'en conclus, de mon côté, qu'un mobile plus grave se meut moins vite." Galilée montrait ainsi, sans en faire l'expérience concrète, qu'il y a une contradiction interne dans la loi qui voudrait que les corps lourds tombent plus vite que les légers, contradiction que l'observation directe ne permet pas de relever (sauf si la chute a lieu dans le vide, chose impossible à réaliser à son époque).

j'avais établi que tous les corps chutent rigoureusement à la même vitesse, quelle que soit leur masse, alors même que ce n'est pas du tout ce que nous observons : nous voyons bien qu'une boule d'ébène choit plus vite qu'une balle de liège. Mais alors, me rétorquait-on, comment expliquer que la loi de la chute des corps puisse énoncer le contraire de ce que nous constatons ? Je répondais : en modifiant radicalement notre interprétation des faits : dès lors que l'expérience ne se déroule pas dans le vide, la gravité n'est pas la seule force en présence ; s'ajoutent à elle des effets liés à la résistance de l'air et à la poussée d'Archimède, lesquelles n'agissent pas sur les corps lourds comme elle agit sur les corps légers. Les lois physiques sont des lois cachées. Si on veut les trouver, il faut aller les chercher, grâce à un jeu dialectique entre la théorisation et l'expérimentation.

EINSTEIN : La suite de l'histoire n'a cessé de vous donner raison, Galilée, et ô combien ! Je vous sais gré d'avoir ainsi eu recours à l'abstraction et d'avoir négligé dans un premier temps les cas trop complexes. Cela vous a permis de dégager des situations simples, des cas idéaux, à partir desquels, ensuite, vous avez pu étudier les cas plus compliqués. Dès mon enfance, je me suis efforcé de suivre votre exemple.

GALILÉE : J'en suis honoré, vraiment.

EINSTEIN *(manifestement ému)* : Sachez que je vous considère comme l'inventeur du raisonnement scientifique, comme celui qui marque le véritable début de la physique : se fier aux conclusions intuitives issues de l'observation immédiate peut nous leurrer et nous embarquer sur de fausses pistes qui retardent la découverte des véritables lois de la nature.

GALILÉE : Mais comment êtes-vous parvenu à saisir tout cela ? Comment avez-vous compris que le temps de la barge A n'est pas celui d'une barge B en déplacement par rapport à elle ?

EINSTEIN : Je vais vous raconter l'histoire, en la simplifiant un peu, car ce qui compte vraiment, ce sont les principes et la façon dont on les agence, n'est-ce pas ? À la fin du XIXe siècle, les physiciens pensaient qu'il serait possible, par des expériences d'optique mettant en jeu la vitesse de la lumière, de trouver un référentiel dont on pourrait dire qu'il est immobile dans l'absolu, et par rapport auquel on pourrait mesurer les vitesses "absolues" des autres. L'existence d'un tel référentiel aurait contredit le principe de relativité tel que vous l'aviez énoncé. C'est alors que je me suis dit que sa sauvegarde exigeait un remaniement conceptuel assez profond.

GALILÉE : Continuez, je vous prie, je veux tout comprendre.

EINSTEIN : Laissez-moi d'abord vous expliquer un point fondamental dont vous n'aviez peut-être pas conscience : nous sommes bien d'accord que la cinématique que vous aviez mise sur pied ne décrit que le mouvement des corps libres, c'est-à-dire qui ne sont soumis à aucune force ?

GALILÉE : Tout à fait.

EINSTEIN : Il faut donc considérer que le mouvement de ces corps libres ne peut dépendre que des propriétés de l'espace et du temps eux-mêmes. Rien d'autre, en effet, n'intervient dans la détermination de leur déplacement. En d'autres termes, la cinématique des corps qui se déplacent en ligne droite et à vitesse constante est l'expression directe des propriétés et des relations de l'espace et du temps.

GALILÉE : Sur ce point, je vous suis, bien que je ne sois pas allé aussi loin.

EINSTEIN : C'est d'ailleurs ce qui a conduit votre successeur le plus illustre, Isaac Newton, né l'année de votre disparition, à affirmer que l'espace et le temps étaient absolus.

GALILÉE : Absolus, c'est-à-dire indépendants du mouvement ? Je n'aurais pas eu le moindre problème à admettre cela.

EINSTEIN : Oui, mais vous, vous pensiez que les vitesses des objets se composent en s'additionnant simplement – c'est ce que vous me rappeliez tout à l'heure. Or, mon postulat était que la lumière ne se plie pas à cette loi : sa vitesse, au lieu de s'ajouter à celle de la source qui l'émet, reste toujours et absolument la même.

GALILÉE : Laissez-moi réfléchir… J'en déduis que la lumière a une cinématique qui n'est pas la même que celle des corps ordinaires, c'est-à-dire des objets matériels. Or, vous disiez que la cinématique reflète les propriétés de l'espace et du temps. Cela voudrait dire que l'espace et le temps ne sont pas les mêmes pour la matière et la lumière ?

EINSTEIN : C'était en effet une conclusion *a priori* possible : la lumière n'obéirait pas aux mêmes lois cinématiques que la matière. Mais personnellement, je ne parvenais pas à m'y résoudre, car j'étais convaincu de l'harmonie de l'univers : comment les propriétés fondamentales de l'espace et du temps pourraient-elles varier selon qu'on s'intéresse à la lumière ou à la matière ?

GALILÉE : Cela semblerait bizarre, en effet. Mais après tout, l'univers est peut-être ainsi fait : la lumière semble si différente de la matière…

EINSTEIN : Il y a quelques années, trois hommes ont proposé séparément une formule compatible avec cette drôle de cinématique que semble avoir la lumière : George Fitzgerald, professeur de philosophie naturelle et expérimentale à Dublin, Hendrik Lorentz, physicien à Leyde, et le mathématicien français Henri Poincaré. Leur formule conduisait à modifier la loi de composition des vitesses : il ne s'agit plus d'une simple addition, mais d'une combinaison plus subtile, qu'on nomma "transformation de Lorentz".

GALILÉE : C'est donc sur ce point que je me serais trompé ?

EINSTEIN : Oui, mais je vous rassure : lorsque les vitesses des objets en jeu ne sont pas très élevées en comparaison de celle de la lumière, le résultat de cette formule s'identifie avec la loi d'addition des vitesses que vous aviez établie. Vous aviez donc vu juste pour les situations qu'on rencontre dans la vie courante. Mais si l'une des deux vitesses est celle de la lumière, par exemple si l'on calcule la vitesse de la lumière émise par un corps en mouvement, alors le résultat est toujours égal à la vitesse de la lumière.

GALILÉE : Soit ! C'est ce que vous m'expliquiez tout à l'heure…

EINSTEIN : Oui, mais le plus étrange, c'est que cette formule de Lorentz mélange les coordonnées d'espace et de temps d'une curieuse façon. Lorsqu'on passe d'un référentiel à un autre, le temps semble se transformer partiellement en espace et l'espace partiellement en temps… Les physiciens avaient noté cette bizarrerie qui ne les avait pas tourmentés outre mesure : à leurs yeux, la formule n'était qu'un outil commode pour lier entre eux des objets en mouvement relatif. Et si sa structure leur a posé un problème philosophique, en laissant entendre que les corps se déplaçant dans l'espace se contracteraient et que les horloges ralentiraient le rythme de leurs battements, ils ont jugé le problème sans portée physique profonde. Tandis que moi, j'ai considéré que la formule de Lorentz nous disait des choses essentielles sur le monde en général. Et j'ai fini par comprendre que, pour l'interpréter correctement, il fallait renoncer à l'idée que l'espace et le temps étaient absolus.

GALILÉE *(fasciné)* : Mais comment diable êtes-vous parvenu à cette conclusion ?

EINSTEIN : J'ai tout simplement décidé de prendre la formule très au sérieux, au point de considérer qu'elle était révélatrice de lois jusqu'alors demeurées cachées. J'ai tenté d'imaginer ce que cette formule dirait si elle pouvait parler. Et le premier message que j'ai entendu est qu'elle implique qu'aucun objet matériel ne peut atteindre la vitesse de la lumière, qui devient donc une limite absolue…

GALILÉE : C'est vertigineux… En matière de vitesse, la lumière serait donc une sorte de mur infranchissable ?

EINSTEIN : Oui, et j'ai compris aussi que cette impossibilité d'aller plus vite que la lumière était en contradiction avec la physique élaborée par Newton dans le prolongement de vos travaux.

GALILÉE : Pourquoi ?

EINSTEIN : Parce que, selon Newton, il est toujours possible d'augmenter la force s'exerçant sur un corps et, ainsi, de le faire aller encore plus vite. Un tel processus n'a pas de limite. Qu'est-ce qui empêcherait, par des additions successives de vitesses, de propulser un corps plus vite que la lumière ?

GALILÉE : Rien, en effet. Une vitesse infinie devrait être théoriquement accessible…

EINSTEIN : Le second message que j'ai entendu est que la vitesse de la lumière est une grandeur absolue, c'est-à-dire la même dans tous les référentiels, ce qui veut dire qu'elle est indépendante de la vitesse des corps qui l'émettent ou la reçoivent. Et cela change tout, ou presque…

GALILÉE : Comment cela ?

EINSTEIN : Si l'on veut garantir l'invariance de la vitesse de la lumière lorsqu'on change de référentiel, alors il faut modifier de façon radicale la manière dont vous avez posé le principe de relativité, mais sans modifier son sens profond : "Le mouvement est comme rien."

GALILÉE : Vous voulez que le principe de relativité tienne désormais compte de l'invariance de la vitesse de la lumière et qu'il s'applique de la même façon à la lumière et à la matière ?

EINSTEIN : Exactement. J'ai postulé qu'il ne saurait faire de différence entre la matière et la lumière, qu'il s'applique de la même manière aux phénomènes mécaniques et aux phénomènes lumineux. C'est donc la transformation de Lorentz qui, dans tous les cas, indique comment se transforment les coordonnées d'espace et de temps lorsqu'on passe d'un référentiel à un autre : le temps se transforme en partie en espace et l'espace en partie en temps. J'ai dû adapter la cinématique, c'est-à-dire les liens entre l'espace et le temps, à cette nouvelle situation, et le résultat fut appelé "théorie de la relativité restreinte".

GALILÉE : Superbe ! Époustouflant ! Mais dites-moi, si le temps se transforme en partie en espace et l'espace en partie en temps quand on change de référentiel, cela signifie-t-il que longueurs et durées soient des entités semblables ?

EINSTEIN : Non. Le temps ne devient jamais entièrement de l'espace, ni l'espace entièrement du temps. Il n'y a donc pas d'équivalence stricte entre les deux, seulement un phénomène par lequel l'un déteint sur l'autre, et réciproquement. Les mesures de longueurs et de durées obéissent à une loi de compensation quand on passe d'un référentiel à un autre. Les premières se dilatent tandis que les secondes se contractent.

GALILÉE : Les longueurs et les durées sont donc relatives au référentiel dans lequel elles sont mesurées.

EINSTEIN : Oui, en ce sens seulement. Cela n'a rien à voir avec les variations subjectives du flux temporel, qui semble variablement rythmé, plus ou moins dilaté ou contracté selon les dispositions du sujet. La relativité n'est pas un subjectivisme : dans un référentiel donné, que les mesures de durée soient faites par Paul, Alice, Jules ou Tartempion ne changera rien aux résultats obtenus. On peut dire du temps qu'il est *intrinsèquement* relatif : sa relativité ne provient que de la structure même de l'espace-temps, et non des particularités propres aux observateurs ; elle est affaire de référentiels, non d'individus. Ainsi, le temps dans un train roulant à une certaine vitesse est le même pour tous les passagers, quel que soit leur âge, leur sexe ou leur état psychologique, mais ce temps est distinct de celui du référentiel des rails…

GALILÉE : Bon… si je vous suis bien, n'importe quel passager qui envoie un rayon de lumière dans le sens de la marche du train le verra se propager dans son wagon à la même vitesse qu'une personne qui regarde le train passer du quai d'une gare…

Sur ces mots, je me réveillai brusquement, tout surpris que Galilée ait pu comprendre ce qu'Einstein désignait par le mot "train" et qu'il ait même utilisé le mot "wagon", comme si cela allait de soi. Décidément… l'inconscient n'est entravé ni par l'espace ni par le temps.

J'étais tout à la joie de cette improbable discussion, et j'aurais voulu que mon rêve ne finisse pas.

Galilée comprenait ce que mes contemporains comprennent souvent si mal… Ils sont persuadés que la théorie de la relativité restreinte est une doctrine du "tout est relatif", et la transforment en caution scientifique d'un relativisme absolu. Paradoxal, non ?

Gaston Bachelard, qui fut l'un des premiers philosophes à s'intéresser à la théorie d'Einstein, ne cessa de dénoncer les contresens dont elle fut la victime : "La relativité est une doctrine de l'absolu, écrivit-il. Elle va au-delà des apparences, au-delà des premières apparences bien entendu, mais au-delà surtout de ce qui a pu dominer les apparences dans une pensée antérieure[1]."

1. Gaston Bachelard, *L'Engagement rationaliste*, PUF, Paris, 1972, p. 96-97.

La théorie de la relativité restreinte, une doctrine de l'absolu ? Oui, absolument, et c'est précisément parce qu'elle a ce statut surplombant qu'elle condamne l'espace et le temps à n'être plus que relatifs.

Authentique révolution, renversement dans le champ des concepts, elle est pourtant présentée comme une simple évolution, racontée dans les termes et avec les notions de la théorie qu'elle est venue détrôner, en l'occurrence la mécanique de Newton. Plus d'un siècle après sa publication, on entend souvent dire que la théorie de la relativité établirait que "la vitesse d'écoulement du temps dépend de la vitesse de l'observateur". Cette formule, qui inonde par ailleurs d'innombrables manuels, est doublement trompeuse. D'abord parce qu'elle affirme que le temps serait comme Newton l'avait pensé, sauf qu'il aurait désormais une vitesse d'écoulement. Or toute vitesse est une variation – plus précisément une dérivée – par rapport… au temps ! Parler d'une vitesse du temps supposerait donc qu'il y ait une variation du rythme du temps par rapport à ce même rythme, ce qui est absurde… Ensuite, parce qu'elle laisse entendre qu'il n'existerait qu'un seul temps, le même pour tous, mais "élastique", puisque sa vitesse d'écoulement est censée varier d'un observateur à l'autre. Le naïf pourrait ainsi imaginer que s'il lui faut deux heures pour lire tel ouvrage dans sa chambre, il lui faudrait un temps différent pour le lire dans une fusée qui le propulserait dans l'espace à cent cinquante mille kilomètres par seconde. Or, dans sa chambre ou dans une fusée, la lecture lui prendra deux heures, montre en main. En vertu, justement, du principe de relativité : quand un observateur est en mouvement rectiligne et uniforme, tout se passe comme s'il n'était pas en mouvement. Quelle différence, alors, avec la physique newtonienne ? C'est qu'à son retour de voyage, sa montre ne sera plus synchronisée avec celle de ceux qui sont restés sur Terre. Car selon la théorie d'Einstein, chaque observateur est doté d'un "temps propre", c'est-à-dire propre au référentiel dans lequel il se trouve. Dans ce cadre, changer de référentiel, c'est-à-dire passer du point de vue d'un observateur à celui d'un autre en déplacement par rapport à lui, ce n'est en aucun cas diminuer ou augmenter la vitesse d'un temps unique qui serait commun aux deux. C'est passer d'un certain temps propre (par exemple, le temps propre de la Terre) à un autre temps propre, radicalement distinct du précédent (par exemple, le temps propre de la fusée). Impossible de dire que l'un s'écoule plus rapidement que l'autre.

La théorie de la relativité ne se contente donc pas de relativiser le temps absolu newtonien, commun à tout l'univers : elle lui substitue une multiplicité de temps discordants entre eux, chacun attaché à un référentiel différent et qu'il serait vain de vouloir confronter les uns aux autres ; livrés aux vicissitudes de leurs déplacements relatifs dans l'espace, les temps propres des observateurs ne cessent de se déphaser, c'est-à-dire de perdre leur commune mesure. Dans son article de juin 1905, Einstein faisait explicitement part de cette "conséquence singulière" : une horloge qui parcourrait dans l'espace une trajectoire fermée (qui la fait revenir à son point de départ) indique à son retour une heure différente d'une horloge qui serait restée en place.

On peut déplorer que les mots choisis, "théorie de la relativité", aient contribué à toutes sortes de glissements sémantiques. Elle est une théorie des invariants, non des quantités relatives. Elle identifie ce qui dans la nature est absolu, ne varie pas quand on change de référentiel. Elle exprime en un même formalisme à la fois l'invariance de la vitesse de la lumière et l'indépendance des lois de la physique par rapport au point de vue de l'observateur.

Einstein regrettait d'ailleurs de ne pas l'avoir appelée "théorie des invariants". Il protesta du mieux qu'il put, le plus souvent en vain, lorsque, à coups de contresens montés en série, on la rendait "coresponsable" qui de la musique atonale, qui de la peinture abstraite, qui de la disparition des formes en littérature. Un jour, à un historien de l'art qui lui soumit le texte d'un article, "Le cubisme et la théorie de la relativité", dans lequel il plaidait pour leur mise en relation au motif que, dans l'un comme dans l'autre, "on autorisait la simultanéité de plusieurs points de vue[1]", Einstein prit la peine de répondre :

L'essence de la théorie de la relativité a été comprise de façon incorrecte dans votre article, sans doute du fait de certaines tentatives de vulgarisation de la théorie, qui sont parsemées d'erreurs. En physique, quand il s'agit de décrire une suite donnée d'événements, on utilise presque toujours un seul système de coordonnées. La théorie dit seulement que les lois physiques qui régissent cette suite d'événements sont telles que

1. Comme le rapporte Paul La Porte, "Cubism and Relativity, with a Letter of Albert Einstein", *Art Journal*, 25, n° 3, 1966, p. 246.

leur forme ne dépend pas du système de coordonnées particulier qui a été choisi. Cette exigence n'a rien à voir avec la façon dont une situation unique, spécifique, est représentée : une multiplicité de systèmes de coordonnées n'est pas nécessaire pour sa représentation ; il suffit de la décrire mathématiquement en relation avec un système de coordonnées, et cette représentation est alors équivalente à celle que l'on obtiendrait si l'on avait choisi un autre référentiel. Il en va tout autrement pour la peinture de Picasso. Notre façon de ressentir chacun de ses tableaux dépendant bien sûr de notre subjectivité personnelle, plusieurs points de vue différents doivent être sollicités pour appréhender son unité globale, mais ce fait n'a rien de commun avec la théorie de la relativité[1].

Mais en matière de diffusion d'erreurs gigantesques, le record du monde fut sans doute battu par un article publié le 7 avril 1922 dans le journal *La France* à l'occasion de la visite d'Einstein à Paris :

> La relativité des choses, des actes et des mesures qu'Einstein est venu nous enseigner paraît à beaucoup, nous le savons, assez incompréhensible. Cependant, sans prétendre escalader les hauteurs de la théorie einsteinienne, inaccessible à ce qui ne constitue pas l'élite des mathématiciens, il est facile de saisir le rapport existant entre de bonnes finances et l'économie, d'apercevoir la relativité des dépenses qu'autorise une situation prospère ou une situation précaire.

1. *Ibid.*

En somme, nous aurions eu besoin d'Einstein et de ses calculs compliqués à propos de l'espace-temps pour comprendre qu'on peut davantage dépenser si l'on est riche que si l'on est pauvre…

Transposer les théories de leur formalisme d'origine – les mathématiques – jusqu'au pays des mots est une entreprise de "déménagement" à la fois délicate et essentielle. Délicate parce que les concepts de la physique sont encore plus fragiles que la porcelaine. Essentielle parce que cette opération est un enjeu d'ordre éthique : dès lors que notre façon de dire les choses détermine notre façon de les penser, si nous les disons mal, nous les penserons mal ; nous croirons que la physique dit ce qu'elle ne dit pas et ne dit pas ce qu'en réalité elle dit.

Et certains déménagements de concepts, on l'a vu, se passent plus mal que d'autres. "Tout est relatif", vraiment ? Identique à elle-même quel que soit le référentiel duquel on la mesure, la vitesse de la lumière suffit à réfuter cette proposition qui réalise l'exploit d'être à la fois fausse et auto-contradictoire. Car s'il était absolument vrai que tout est relatif, cet énoncé deviendrait victime de lui-même, c'est-à-dire parfaitement… relatif.

12

$E = mc^2$ MAIS ENCORE…
(septembre 1905)

La théorie et la pratique, c'est exactement la même chose. Mais dans la pratique, cela n'est pas vrai.

YOGI BERRA

Le musée d'Histoire de Berne, situé au numéro 5 de la place Helvétia, abrite en son périmètre le musée Einstein. Je m'y rendis le lendemain de mon étrange rêve, dès l'ouverture. Après avoir entendu sa voix, même réinventée, j'aspirais à côtoyer ses objets pour prolonger sa présence. Je traversais les salles l'esprit encore embrumé, quand, soudain, j'aperçus sur un mur un tirage en grand format d'une photographie ô combien familière, pour avoir longtemps décoré ma chambre d'adolescent : la "seconde photo", prise à Princeton dans ses vieux jours, qui le montre triste et tourmenté, le regard envahi par les ombres. Entre l'*annus mirabilis* bernoise et le jour où fut saisi ce cliché, quarante-cinq ans se sont écoulés.

Pourquoi le regard d'Einstein a-t-il tant changé ? L'affaire a été ressassée *ad nauseam* : entre la première et la seconde photo, il y a eu *Little Boy* larguée sur Hiroshima le 6 août 1945, son explosion à six cents mètres d'altitude, accompagnée d'un éclair foudroyant, suivi d'une boule de feu et d'une onde de choc surpuissante qui fit vibrer les corps jusqu'à la rupture, brisant les organes, brûlant les chairs et tuant sur le coup soixante-quinze mille personnes n'ayant rien vu venir, et des milliers d'autres par la suite. Et puis, trois jours plus tard, *Fat Man* larguée sur Nagasaki et la cathédrale d'Urakami, provoquant un désastre similaire dans l'ordre de l'impensable.

Dans l'imaginaire collectif, $E = mc^2$ est intriquée à l'arme nucléaire. Par ricochet, cette formule symbolise une sorte de noirceur que l'histoire aurait tatouée sur l'âme d'Einstein. À la construction de cet amalgame, presque tout le monde s'est mis, et plutôt rapidement. Cela commença un an après le premier essai d'une bombe atomique, qui avait eu lieu le 16 juillet 1945 sur le champ de tir d'Alamogordo au Nouveau-Mexique. Pour le commémorer, le magazine *Time* daté du 1er juillet 1946, que je découvris dans une vitrine du musée de Berne, affichait sur sa couverture une représentation saisissante d'"Einstein le cosmoclaste" – littéralement, "le destructeur de l'ordre". L'œil est d'abord happé par le visage bienveillant du savant, crinière en bataille, traits marqués, regard portant au loin comme s'il interrogeait la postérité, cependant qu'en arrière-plan une grande colonne de flammes et de fumées s'élève vers un nuage en forme de champignon évoquant la tête d'un cobra. Inscrite sur le nuage, pareille à quelque mauvais génie, l'équation $E = mc^2$ symbolise le pacte faustien que la physique, au départ la plus théorique, a conclu avec le Mal le plus concret : "Derrière le chaos et la fournaise" causés par l'explosion de la première bombe atomique, dit l'article, "on parvenait tout juste à distinguer les traits d'un petit homme timide, enfantin, aux doux yeux noirs et au visage de saint, le professeur Albert Einstein."

Quelques années plus tard, en 1961, Léo Ferré chanterait *Y en a marre*, dont une phrase lapidaire réduit là encore Einstein à sa formule et, syllogistiquement, sa formule à la bombe atomique : "M. Einstein loin des canons, croyant travailler pour lui seul, a découvert des équations qui vont vous tomber sur la gueule."

Pourtant, $E = mc^2$ n'a ni plus ni moins de lien avec la bombe atomique qu'avec le craquement d'une allumette ou la chute d'un crayon à papier. Dernière-née de l'*annus mirabilis*, cette équation n'est que l'ultime fruit d'une même obsession – fille de la lumière, de l'espace et du temps…

Revenons en cette année 1905. Épuisé par la rédaction de son article sur la théorie de la relativité, Einstein dut rester alité pendant plusieurs jours, les nerfs tendus, près de se rompre. Après l'avoir catégoriquement refusée, il finit par accepter la proposition de Mileva : ils prendraient des vacances.

Les Einstein partirent avec leur fils Hans-Albert pour la Serbie, à Titel, où Albert fit enfin la connaissance de ses beaux-parents et de la famille de Mileva. Ce voyage loin de ses bases bernoises ne l'empêcha guère de continuer à développer le fil de sa pensée. À l'instar de Winston Churchill, Einstein ne travaillait pas vite, mais il travaillait sans arrêt, y compris dans les périodes dites de loisir. Et là, entre deux promenades, de façon totalement inattendue, il lui apparut que le mariage de l'espace et du temps qu'il venait de célébrer en juin engendrait un drôle de rejeton :

Le principe de relativité, associé aux équations de l'électromagnétisme, impose que la masse d'un corps soit une mesure directe de l'énergie qu'il contient, écrivit-il à son ami Conrad Habicht. *[...] La chose est plaisante à considérer, mais le bon Dieu n'est-il pas en train d'en rire et me mène-t-il par le bout du nez ? Ça, je suis incapable de le savoir*[1].

Quelques semaines plus tard, en septembre 1905, il adressait à la revue *Annalen der Physik* "L'inertie d'un corps dépend-elle de son mouvement[2] ?", son cinquième et dernier article de l'année. Quelle explosivité conceptuelle ! Ce texte si bref et si puissant a des allures de record olympique : en à peine trois pages, il offre une démonstration générale[3] de l'équation $E = mc^2$ (écrite à l'époque avec des notations différentes[4]).

Imaginons, dit Einstein, un corps émettant de la lumière, c'est-à-dire des ondes électromagnétiques. Par exemple, un métal chauffé. Par ce processus, ce

1. Lettre d'Albert Einstein à Conrad Habicht, été 1905, *in* Albert Einstein, *Œuvres choisies*, *op. cit.*, vol. 2, p. 59-60.
2. Albert Einstein, *Annalen der Physik*, 18, 1905, p. 639-641.
3. Une formule équivalente à $E = mc^2$ avait déjà été publiée avant 1905 (notamment par Henri Poincaré en 1900), mais seulement dans des contextes particuliers. Einstein fut le premier à en donner une présentation générale, mais il réalisera plus tard que la démonstration qui figure dans son papier de 1905 n'était pas satisfaisante. Il en proposera une nouvelle en 1946.
4. Le tout jeune père de la relativité y notait V la vitesse de la lumière (au lieu de c), et L l'énergie (au lieu de E).

corps perd une certaine quantité d'énergie, exactement égale à celle qu'emportent les ondes électromagnétiques dont il est la source. Ces dernières étant dépourvues de masse, on s'attend à ce que cette perte d'énergie ne s'accompagne pour le métal d'aucune perte de masse : comment donc un corps pourrait-il perdre de la masse s'il ne rayonne rien qui soit massif? Ce qu'Einstein démontre par le calcul, à partir des principes de sa théorie de la relativité restreinte et de ceux de la mécanique, c'est qu'en réalité le corps perd de la masse *du seul fait qu'il perd de l'énergie.* Plus précisément, s'il perd une énergie E, il se débarrasse concomitamment d'une masse égale à E/c^2.

Si la lettre c, qui désigne la vitesse de la lumière, a pris place dans cette formule, c'est parce qu'il a été supposé que le corps perdait son énergie en émettant de la lumière. Mais Einstein attribua une portée universelle à sa formule en affirmant qu'elle doit demeurer vraie même si aucune lumière n'intervient dans le processus par lequel le corps perd de l'énergie. En conséquence, si un corps perd de l'énergie, sous n'importe quelle forme, que celle-ci soit lumineuse ou non, il perd aussi de la masse en vertu d'une formule faisant intervenir dans tous les cas la… vitesse de la lumière!

La vitesse de la lumière n'est donc plus seulement la vitesse de la lumière. Elle intervient de façon explicite dans tous les processus physiques, y compris dans ceux dans lesquels la lumière elle-même ne joue aucun rôle. Elle change ainsi radicalement de statut. Avec Einstein, elle cesse d'être la vitesse de propagation d'un phénomène physique particulier pour devenir une constante universelle de la physique.

Il y a plus encore. La masse, qui jusqu'alors ne mesurait que la quantité de matière contenue dans un corps, en vient à mesurer donc aussi son contenu en énergie : tout corps massif se voit ainsi doté d'une "énergie de masse", c'est-à-dire d'une énergie qu'il possède du seul fait qu'il est massif. La formule $E = mc^2$ indique explicitement que cette énergie de masse se calcule en multipliant la masse par le carré de la vitesse de la lumière. Dans cette opération, le statut de la vitesse de la lumière change une seconde fois. Elle se voit attribuer un rôle plus large que celui d'une vitesse associée à des déplacements, puisque l'équivalence qui s'établit là entre la masse et l'énergie ne fait aucune référence à aucun mouvement : même immobile, au repos, un corps massif contient de l'énergie.

Dans votre cuisine, prenez un morceau de sucre et posez-le dans la paume de votre main. Avec ses quelques grammes, ce petit parallélépipède blanc inerte et tranquille contient, tous calculs faits, des dizaines de milliers de milliards de joules, soit plus d'énergie que vous ne pourrez en absorber pendant toute votre existence. D'où vient, alors, que cette énergie vous demeure imperceptible, qu'elle ne suffise aucunement à vous nourrir – alors qu'elle est supérieure à toute celle qui fut libérée lors de l'explosion d'Hiroshima (au cours de laquelle un seul gramme d'uranium fut transformé en énergie) ? De ce que, lors de la digestion – processus exclusivement électromagnétique[1] –, cette gigantesque énergie de masse demeure prisonnière de la matière qui la

1. Lors de la digestion ne se produisent que des réactions chimiques, pilotées par la force électromagnétique : elles modifient les liaisons entre atomes sans du tout changer leurs noyaux, qui contiennent l'essentiel de leur masse.

contient. Voilà pourquoi vous pouvez croquer votre sucre sans vous enrichir d'une énergie colossalement dopée à la vitesse de la lumière. Votre corps n'est, finalement, qu'un lieu de transit ; pour alimenter son métabolisme, il ne capte qu'une infime portion du contenu énergétique de ce qui le traverse.

Mieux : dans la vie courante, on admet volontiers que la masse d'un objet est égale à la somme des masses de ses constituants. Erreur ! La masse de votre corps est bien plus élevée que la somme de celles des particules élémentaires (quarks et électrons) qui le composent. Alors, d'où vient l'essentiel de votre masse ? Tout simplement du fait qu'à l'intérieur de votre organisme, les particules élémentaires, notamment les quarks, interagissent puissamment au sein des protons et des neutrons. Or, à leur énergie d'interaction est associée, par $E = mc^2$, une masse effective qui représente plus de quatre-vingt-dix pour cent de celle de votre corps. En clair, votre masse doit davantage à la danse frénétique de vos particules qu'à leurs masses propres…

La formule $E = mc^2$ qu'établit Einstein en 1905 est universelle : elle s'applique à tous les phénomènes dans lesquels de l'énergie est échangée ou transformée. Mais rien en elle ne suggère le processus par lequel l'énergie contenue dans un morceau de matière, quel qu'il soit, pourrait être libérée. Encore moins l'énergie contenue dans un atome… puisque l'existence de l'atome, *a fortiori* celle de ses composants, n'était alors nullement avérée !

La bombe atomique est née d'un tout autre événement : la découverte fortuite, en décembre 1938, par deux paisibles savants, Lise Meitner et Otto Hahn, d'une propriété singulière et stupéfiante du noyau d'un isotope de l'uranium, l'uranium 235 – celle de fissionner, libérant une grande quantité d'énergie. Qu'il fût loisible de calculer cette énergie grâce à $E = mc^2$ allait de soi pour tout physicien cultivé. Le seul sujet d'étonnement, ou plutôt de sidération, était que ce noyau d'uranium fissionnât et provoquât une réaction en chaîne induite par la libération concomitante de neutrons. Cela posé, le reste coulait de source, pourvu qu'on y mît les moyens.

Mais dans les années 1930, Einstein n'avait que faire de la physique nucléaire, alors en plein essor. Une obsession unique l'habitait : élaborer une théorie unifiée de la gravitation et de l'électromagnétisme. Aussi, lorsqu'au tout début de l'année 1939, Niels Bohr lui rendit visite à Princeton, dans le New Jersey, pour discuter avec lui des données les plus récentes sur la fission des noyaux d'uranium, le père de la relativité ne lui accorda qu'une indifférence polie. Il fallut les explications de son ami hongrois Leo Szilard, quelques mois plus tard, pour qu'Einstein se dessille enfin et admette la possibilité d'une réaction en chaîne explosive – qu'Enrico Fermi, réfugié depuis peu en Amérique, s'apprêtait à démontrer expérimentalement. "Je n'y avais jamais pensé[1] !" s'exclama Einstein après avoir écouté son ami. Jusqu'alors, il s'était convaincu que bombarder des noyaux atomiques dans l'espoir de libérer de l'énergie était à peu près aussi vain que "tirer au fusil sur des oiseaux dans l'obscurité et dans un coin où il n'y a que peu d'oiseaux[2]"…

1. Richard Rhodes, *The Making of the Atomic Bomb*, Simon and Schuster, New York, 1986, p. 305.
2. Il prononça cette phrase en 1934, lors d'une conférence à l'occasion de la rencontre annuelle de l'American Association

Sitôt convaincu, il eut besoin agir. Sachant Hitler capable de tout – surtout du pire –, il voulut alerter le président des États-Unis du cataclysme que la fission de l'uranium et la réaction en chaîne pourraient causer – il demeurait cependant fort sceptique sur la possibilité de mettre au point une bombe atomique. L'informer, aussi, sur les progrès des physiciens allemands dans le domaine de la physique nucléaire. C'est ainsi que le 2 août 1939 il signait une lettre rédigée par Leo Szilard et Eugene Wigner, un autre physicien hongrois, à l'attention du président Franklin Roosevelt. Les trois hommes tenaient à ce que la missive fût remise en mains propres au Président par un homme de confiance, l'économiste Alexander Sachs. Mais en raison de l'invasion de la Pologne par les Allemands et de la déclaration de guerre par la France et l'Angleterre, Sachs ne fut reçu à la Maison Blanche que le 2 octobre 1939. Il insista pour lire la lettre à haute voix. Debout devant la vitrine du musée qui en montre une copie, je la lus, moi aussi :

Monsieur,

Un travail récent d'Enrico Fermi et Leo Szilard, dont on m'a communiqué le manuscrit, me conduit à penser que l'uranium va pouvoir être converti en une nouvelle et importante source d'énergie dans un futur proche. Certains aspects de cette situation nouvelle demandent une grande vigilance et, si nécessaire, une action rapide du gouvernement. Je considère qu'il est donc de mon devoir d'attirer votre attention sur les faits et recommandations suivants :

for the Advancement of Sciences (Albrecht Fölsing, *Albert Einstein, A Biography*, *op. cit.*, p. 709).

Au cours des quatre derniers mois, grâce aux travaux de Joliot en France et ceux de Fermi et Szilard en Amérique, il est devenu possible d'envisager une réaction nucléaire en chaîne dans une grande quantité d'uranium, laquelle permettrait de générer beaucoup d'énergie et de très nombreux nouveaux éléments de type radium. Aujourd'hui, il est pratiquement certain que cela peut être obtenu dans un futur proche.

Ce fait nouveau pourrait aussi conduire à la réalisation de bombes, et l'on peut concevoir – même si ici il y a moins de certitudes – que des bombes d'un genre nouveau et d'une extrême puissance pourraient être construites. Une seule bombe de ce type, transportée par un navire et explosant dans un port pourrait en détruire toutes les installations ainsi qu'une partie du territoire environnant. On estime néanmoins que des bombes de cette nature seraient trop pesantes pour être transportées par avion.

Les États-Unis n'ont que de faibles ressources en uranium. Le Canada est assez bien pourvu, ainsi que l'ancienne Tchécoslovaquie, mais les principaux gisements sont au Congo belge.

Devant cette situation, vous souhaiterez peut-être disposer d'un contact permanent entre le gouvernement et le groupe des physiciens qui travaillent en Amérique sur la réaction en chaîne. Une des possibilités serait de donner cette tâche à une personne qui a votre confiance et pourrait le faire à titre officieux. […]

Sa lecture achevée, le président aurait dit à Sachs :

— Alex, si je vous comprends bien, vous cherchez à faire en sorte que les nazis ne nous fassent pas exploser.

— Exactement, approuva Sachs.

Roosevelt appela aussitôt l'un de ses conseillers et lui dit d'un ton ferme :

— Cela exige de l'action.

On connaît la suite.

C'est ainsi que la lettre d'Einstein contribua à la décision d'enclencher deux ans plus tard (après l'attaque japonaise sur Pearl Harbour, le 7 décembre 1941) ce qui deviendrait le projet *Manhattan*. Ironie du sort, Einstein, en la signant, n'avait en tête que de parer à l'utilisation de la bombe atomique par les Allemands, au cas où ceux-ci parviendraient à la fabriquer. Le 6 août 1945, apprenant par la radio le largage de *Little Boy* sur Hiroshima, il ne sut articuler que ces mots : *"Oj weh!"* ("Pauvre de moi!") Sur le moment, abasourdi, il laissa le soin à Helen Dukas, son assistante, de faire une déclaration en son nom : "S'il est exact de dire que le professeur comprend parfaitement les fondements scientifiques de la bombe atomique, dit-elle, il se refuse à tout commentaire sur ce sujet jusqu'à ce que les autorités fournissent les détails[1]." Profondément touché par le Japon qu'il avait visité en 1921[2], il lui semblait avoir appuyé lui-même sur le bouton.

Einstein était un solitaire qui aimait ses frères humains. Jamais il n'avait envisagé ce crime contre l'humanité. Robert Oppenheimer lui-même, concepteur

1. Helen Dukas, citée par le *New York Times* du 8 août 1945.

2. Il écrivit à Maurice Solovine : "Les Japonais sont des gens merveilleux – pleins de délicates manières, manifestant un intérêt pour tout, possédant un grand sens artistique allié à une sorte de naïveté intellectuelle – en bref, un peuple raffiné sur une terre superbe" (lettre citée *in* Albert Einstein, *Le Pouvoir nu, Propos sur la guerre et la paix, 1918-1955*, Hermann, Paris, 1991, p. 37).

des premières bombes américaines, le décrit comme un être d'une grande bonté : "Si je devais définir d'un mot son attitude à l'égard des problèmes humains, je choisirais le mot sanskrit *Ahinsa*, qui signifie « ne pas faire de mal[1] »." Suprême paradoxe de la bombe atomique : elle fut l'aboutissement ultime mais indirect de l'acte épistolaire d'un homme doux.

Devenu vieux, Einstein confia qu'il aurait préféré être un homme dont le travail inoffensif eût consisté à réparer des robinets et des tuyauteries ou à bâtir des murs de brique. S'il avait déployé une énergie surhumaine à percer certains secrets de la matière, d'autres que lui avaient prolongé ce travail, d'autres encore avaient détourné ces secrets dans le seul but d'anéantir des centaines de milliers de vies et des villes entières. Pareil bilan ne pouvait que le rendre amer, même si l'on peut lire sous sa plume cette mise au point datant de novembre 1945 :

> Je ne me considère pas moi-même comme le père de la libération de l'énergie atomique. Mon rôle en la matière a été tout à fait indirect. En fait, je n'ai pas prévu qu'elle serait libérée de mon vivant. Ce n'est devenu possible qu'à la suite de la découverte accidentelle de la réaction en chaîne, et ce n'est pas quelque chose que j'aurais pu prévoir[2].

Lent à appréhender les risques de la fission, Einstein comprit en revanche mieux et plus vite que

1. Robert Oppenheimer, "L'Écclésiaste au XXe siècle", *Le Nouvel Observateur*, 22 décembre 1965.
2. Albert Einstein, "Atomic War or Peace", *Atlantic Monthly*, novembre 1945.

beaucoup d'autres qu'Hiroshima et Nagasaki constituaient une bifurcation dans l'histoire de la pensée, une authentique disruption conceptuelle. D'un coup, presque d'un flash, la condition humaine s'était trouvée irrémédiablement aggravée[1].

L'homme de l'ère nucléaire diffère de celui qui l'a précédé en ce qu'il doit lucidement réenvisager la possibilité de l'apocalypse à laquelle la foi dans le progrès l'avait rendu aveugle. Et brutalement, cet homme-là se trouve empêché de saisir ce qui forme le ressort le plus intime de la technique.

D'où cette tristesse dans les yeux d'Einstein, ce désarroi, ce cafard cosmique.

1. On sait que l'histoire manie l'ironie. Elle ne fit pas d'exception pour Einstein. Le 1er novembre 1952, la bombe à hydrogène *Mike* dévasta l'atoll d'Enewetak. Mais elle ne fit pas que détruire : l'analyse de ses déchets au laboratoire de Berkeley montra que son explosion avait conduit par une succession de réactions nucléaires à la formation de deux nouveaux éléments chimiques très radioactifs : le premier, dont le numéro atomique est égal à 100, fut appelé le fermium ; le second, de numéro atomique 99, est un métal blanc argenté qui fut baptisé l'einsteinium… Cette information secrète ne fut révélée qu'après la mort d'Einstein, en 1955. Heureux délai, sage précaution, car il y a fort à parier que cet étrange hommage l'aurait accablé.

13

UNE RECONNAISSANCE TARDIVE

J'ai cessé de croire aux "grands événements" qui s'accompagnent de hurlements et de fumée.

Et crois-moi, je te prie, cher vacarme d'enfer, les plus grands événements, ce ne sont pas nos heures les plus bruyantes, mais les heures du plus grand silence.

FRIEDRICH NIETZSCHE

Plongé dans ma contemplation morose du portrait d'Einstein aux yeux tristes, je sursautai en entendant sa voix, ponctuée d'éclats de rire, s'élever dans la salle d'à côté. Je m'y rendis, curieux, pour découvrir sur un écran de projection un Einstein poivre et sel, hilare, débarquant à New York en 1939, et assailli par une horde de reporters.

UN JOURNALISTE : Que pensez-vous de la prohibition ?

EINSTEIN : Je ne bois pas d'alcool, alors ça m'est bien égal.

LA FOULE : Ha ha ha !

AUTRE JOURNALISTE : Pourriez-vous définir la relativité en une phrase ?

EINSTEIN : Il me faudrait trois jours pour en trouver une définition courte.

LA FOULE : Hi hi hi !

Aisance, humour, malice, en habitué des bains de foule, Einstein réalise son petit numéro avec maestria, et rien dans son bon rire joyeux ne laisse deviner combien lui pèse ce statut de star qui lui colle à la peau depuis plus de dix ans. Qu'il est étrange de se dire qu'en 1905, le même homme guettait, éperdu, le moindre signe de reconnaissance dans la presse scientifique qui persistait à l'ignorer…

Car pour extraordinaire qu'il fut, le feu d'artifice théorique lancé en l'espace de six mois sembla d'abord avoir été tiré dans le vide. Le monde universitaire, pour autant qu'il daignât y voir quelque chose, n'y vit d'abord que du feu. L'article sur la relativité restreinte ayant été publié le 26 septembre 1905 (moins de trois mois après son envoi) sans qu'on lui opposât la moindre difficulté, Einstein s'attendait à recevoir des critiques, sévères ou enthousiastes, de la part des physiciens "professionnels". Mais il eut beau éplucher les numéros suivants de la revue *Annalen der Physik*, il n'y trouva nulle réaction à ses travaux, pas même la moindre allusion. Rétrospectivement, voilà qui semble inconcevable. Je l'imagine s'interrogeant, incrédule : "N'ai-je pas su me faire comprendre ? Dieu m'aurait-il mené en bateau ? Aurais-je déliré ?"

Durant les trois années qui suivirent, sa carrière continua de suivre un cours lent et modeste. Ses efforts inhumains de l'*annus mirabilis* semblaient devoir passer inaperçus. S'il accéda, au tout début de l'année 1906, au grade d'expert de deuxième classe au Bureau fédéral de la propriété intellectuelle, avec des appointements de quatre mille cinq cents francs (au lieu de trois mille cinq cents), la théorie de la relativité n'y était strictement pour rien. Cette promotion ne résultait que de l'estime de Friedrich Haller, qui jugeait que l'expérience acquise par son employé au fil du temps méritait bien ce petit encouragement. Einstein en vint à s'autoproclamer "vénérable pisseur d'encre fédérale[1]".

Ce n'est qu'en mars 1906 qu'il reçut une lettre de Max Planck, vibrante d'enthousiasme, et ponctuée de quelques réserves. Bien que teintée de scepticisme, cette marque d'intérêt de la part d'un des plus grands physiciens de l'époque, alors âgé de quarante-huit ans, découvreur "malgré lui" des *quanta*, membre éminent de l'Académie des sciences de Prusse, le rassura. Enfin, il sortait de l'obscurité ! Il n'empêche, penser que le premier à prendre au sérieux les travaux iconoclastes d'un bohème dépenaillé a justement été "le dernier d'une longue lignée d'hommes parfaits, sérieux, incorruptibles, idéalistes et généreux, dévoués au service de l'Église et de l'État[2]" : voilà qui ne manque pas de sel ! Autant imaginer Herbert von Karajan se donner la peine d'écrire, en 1964, une lettre d'encouragement au jeune Mick Jagger.

1. Cité *in* Roger Highfield et Paul Carter, *The Private Lives of Albert Einstein*, *op. cit.*, p. 78.
2. Phrase de Max Born citée par Ronald Clark, in *Einstein, sa vie et son époque*, *op. cit.*, p. 24.

Cette marque d'attention décida Einstein à envoyer une lettre de candidature à l'université de Berne dans l'espoir d'y devenir *Privatdozent* – l'équivalent actuel d'un maître de conférences. C'était compter sans les tracasseries administratives qui, avec lui, ne ratent jamais un rendez-vous : malgré les cinq chefs-d'œuvre qu'il avait publiés en 1905, il lui fallait encore envoyer un article scientifique inédit… Il en posta plusieurs, ce qui eût dû suffire. Las ! Paul Gruner, professeur de physique théorique, jugea sa théorie de la relativité "très problématique". Quant au professeur de physique expérimentale, un certain Aimé Forster, il n'y alla pas par quatre chemins : "Je ne comprends pas un traître mot de ce que vous avez écrit", dit-il à propos de son article de juin 1905.

Si Einstein qualifia cet épisode de "divertissant", il retira pourtant sa candidature, agacé, sans doute même vexé. Mais quelques mois plus tard, en décembre 1907, un second rayon de soleil, encore plus incongru que le premier, vint éclairer sa destinée : Hermann Minkowski, le professeur de mathématiques qui n'avait vu en lui qu'un âne paresseux à l'Institut polytechnique de Zurich, donna à Göttingen une conférence enthousiaste sur la théorie de la relativité. Opérant une élégante volte-face, il déclara que son ancien élève avait raison de bout en bout, que l'espace et le temps absolus n'étaient que des ombres vaines désormais vouées à l'oubli et que seule une certaine combinaison des deux ("union sacrée[1]",

1. Le 21 septembre 1908, Minkowski donna la même conférence à Cologne, dans laquelle il utilisa cette expression. Le texte en fut publié en français en 1909, après traduction par

selon ses mots), qu'il avait lui-même dûment formalisée sous le terme d'"espace-temps", devrait subsister. Conceptualisé par son regard de mathématicien, l'espace-temps – tel qu'il nous apparaît aujourd'hui – peut être considéré comme un cristal parménidien, une sorte de bloc rigide à quatre dimensions ; un événement qui a lieu dans un espace à trois dimensions à un instant donné s'y trouve représenté par un point ayant quatre coordonnées, tandis qu'une suite d'événements consécutifs y dessine une "ligne d'univers". L'essentiel des propriétés de l'espace-temps provient de ce qu'il est doté d'une géométrie (plus précisément, d'une "métrique") qui permet d'y effectuer des mesures, notamment d'angles ou de longueurs. Toutefois, leur signification n'est pas la même que dans l'espace ordinaire : dans l'espace-temps, une courbe représente non un trajet effectué dans l'espace, mais une histoire, et sa "longueur" indique la durée propre de cette histoire.

Témoignant d'une honnêteté intellectuelle et d'une générosité peu communes, Minkowski mit ainsi sa notoriété et ses talents de mathématicien au service des idées de son ancien élève. En n'assistant qu'épisodiquement à ses cours, Einstein avait su rêver ce que lui s'était contenté de mettre en ordre... Ragaillardi par ce soutien aussi inattendu qu'inespéré, il repartit en janvier 1908 à

deux jeunes normaliens acquis à la "nouvelle physique" (conférence de Cologne, "Raum und Zeit", 21 septembre 1908, *Physikalische Zeitschrift*, 10, 1909, p. 104 ; *Annales scientifiques de l'ENS*, traduction d'Aimé Hennequin et Jacques Mary, 3e série, 26, 1909, p. 499).

l'assaut de l'université de Berne, où il présenta cette fois un article sur la distribution d'énergie dans un corps noir. Ce texte ne révolutionnait en rien la physique (en soi, un atout académique certain...), d'autant qu'il ne pipait mot de la théorie de la relativité. En février, rassurée par le classicisme apparent de ce candidat, l'université accéda enfin à sa demande.

Einstein commença ses cours au début de l'été 1908. Il fallait un certain courage pour venir l'écouter, les mardis et samedis à 7 heures du matin, parler d'un thème au demeurant bien de saison, la théorie moléculaire... de la chaleur. Aussi les étudiants n'étaient-ils guère légion, leur nombre oscillant entre deux et trois. Encore Michele Besso, l'ami fidèle, assistait-il à toutes ses leçons, ainsi que sa sœur Maja qui, cette année-là, préparait à Berne un doctorat sur les langues romanes.

Un succès aussi relatif ne permettait pas à Einstein d'abandonner son emploi au Bureau de la propriété intellectuelle. Heureusement, en mai 1909, il fut nommé professeur associé à l'université de Zurich. Le poste, il est vrai, avait d'abord été proposé à l'un de ses anciens camarades de l'Institut polytechnique, Friedrich Adler, déjà membre de l'université et fils de Viktor Adler, le fondateur du Parti social-démocrate autrichien. Mais le jeune homme avait décliné l'offre avec une élégance rare :

Si notre université a l'opportunité d'accueillir un homme comme Einstein, écrivit-il au comité de sélection, *il serait absurde qu'elle me nomme à sa place. [...] Des sympathies politiques ne devraient pas faire manquer la possibilité d'acquérir un homme qui pourrait nous être extrêmement bénéfique en élevant le niveau général de l'université*[1].

Si, à Zurich, Einstein avait dix fois plus d'étudiants qu'à Berne, le corps professoral vit aussitôt d'un mauvais œil sa façon singulière d'enseigner. On lui reprochait, pêle-mêle : ses trop longs monologues au tableau, ses discussions à bâtons rompus avec les étudiants au café de la Terrasse après les cours… À quoi il répliquait, impavide : "Il y a déjà assez de professeurs sans moi." En outre, son allure détonnait : systématiquement débraillé, le pantalon trop court, il tenait à la main une espèce de carte de visite où étaient gribouillées des notes laconiques. Enfin, et surtout, il y avait ce refus de tenir compte des différences hiérarchiques. S'adresse-t-on au concierge, à la femme de ménage, de la même façon qu'à ses collègues professeurs ? Mais les réserves des sceptiques ne pouvaient empêcher la percolation progressive de ses idées au sein des mondes académiques et universitaires. Peu à peu, sa notoriété grandissait.

C'est ainsi qu'en septembre 1909 il fut invité à prononcer sa première conférence lors d'un congrès de physique à Salzbourg. Événement capital à bien des égards : là, dans la ville de Mozart, compositeur qu'il admirait au plus haut point, il allait rencontrer trois des plus grands physiciens allemands de son temps – Max Planck, Max Born et Arnold Sommerfeld. Lui qui n'avait jamais croisé de "vrai" physicien théoricien était invité à prendre la parole

1. Cité par Florence Ronald, in *Fritz : The Story of a Political Assassin*, Dial, 1971, p. 122.

devant les phares de sa discipline ! Mileva, restée à Berne, était consciente de l'enjeu : "Mon mari est pour le moment à Salzbourg à un congrès de naturalistes allemands, où il va faire une conférence, écrivit-elle à l'une de ses amies. Il compte à présent au nombre des tout premiers physiciens de langue allemande. Je suis très heureuse de ses succès, car il les a vraiment mérités[1]."

Au cours de son allocution intitulée "L'évolution de nos conceptions sur la nature et la constitution du rayonnement", Einstein lança et étaya l'hypothèse que la lumière est *à la fois* ondulatoire et corpusculaire : "Je suis convaincu, conclut-il, que la prochaine phase dans le développement de la physique nous amènera à une théorie de la lumière susceptible d'être interprétée comme une sorte de fusion des théories ondulatoire et corpusculaire[2]." Quand on ouvrit la discussion, Max Planck fut le premier à faire part de ses réserves prudentes à l'assemblée. Pourtant, cet exposé d'Einstein fut une percée décisive de la physique théorique : par sa remarque finale, le père de la relativité pressentait en effet le concept de "complémentarité", dont la paternité est en général attribuée à Niels Bohr[3]. Selon celui-ci, nous avons

1. Citée par Desanka Trbuhović-Gjurić in *Mileva Einstein, une vie*, *op. cit.*, p. 120-121.
2. Albert Einstein, "L'évolution de nos conceptions sur la nature et la constitution du rayonnement", *Physikalische Zeitschrift*, vol. 10, 1909, p. 817-825. Cette conférence de Salzbourg est intégralement traduite en français *in* Albert Einstein, *Œuvres choisies*, *op. cit.*, vol. 1, p. 86-100.
3. Pour Niels Bohr, la notion de complémentarité n'est pas à comprendre dans son sens usuel, car elle est plutôt proche de celle de contradiction. Selon lui, l'analyse des phénomènes réclame

deux images contradictoires de la réalité ; aucune, prise séparément, n'explique pleinement les phénomènes lumineux, mais mises ensemble, elles y parviennent.

Une jeune Autrichienne de trente et un ans, disciple de Max Planck à Berlin, était présente ce jour-là. Alors même que les femmes ne pouvaient guère prétendre à une carrière académique, Lise Meitner avait voué sa vie à la physique. Ancienne élève de Ludwig Boltzmann, elle avait obtenu un doctorat avec la plus haute mention possible. Le congrès de Salzbourg, prélude aux grands bouleversements de la physique, devait la marquer à tout jamais, et le souvenir majeur qu'elle en retint fut, de son propre aveu, la formule $E = mc^2$ évoquée par Einstein.

Trente ans plus tard, c'est cette même physicienne qui jouerait un rôle majeur dans la découverte de la fission de l'atome d'uranium 235, à l'origine de la bombe atomique. Pas plus qu'Einstein, pourtant, elle ne l'avait anticipée ni désirée. Réfugiée au Danemark, elle refusa l'offre de participer au projet *Manhattan* à Los Alamos, et *Little Boy* lui valut pourtant une culpabilité écrasante qu'elle porterait jusqu'à sa mort. Mais en cette année 1909, qui pouvait se douter d'un tel dénouement ?

À l'issue du congrès, Einstein avait marqué les plus grands esprits de son temps. Dès octobre, son nom fut avancé pour le prix Nobel de physique[1]. Après des débuts chaotiques, sa carrière universitaire se

que nous utilisions des concepts qui se contredisent entre eux, en l'occurrence ceux d'onde et de corpuscule.

1. Il sera ensuite nominé tous les ans, sauf en 1911 et en 1915, jusqu'à ce qu'il l'obtienne en 1922 (au titre de l'année 1921).

préparait à connaître un bel essor, grâce à une offre ferme de l'université de Prague.

Prague, je n'y étais jamais allé. Telle une mariée, l'occasion était trop belle. J'y filerais par les airs, un beau matin de juin…

14

PRAGUE OU L'ESPRIT D'ASCENSEUR

Les ailes nous manquent, mais nous avons toujours assez de force pour tomber.

PAUL CLAUDEL

En 1968, je découvris le sens profond du mot "politique". Non pas grâce aux événements de mai qui, vus de ma lointaine banlieue dite néanmoins "parisienne" et du haut de mes dix ans, ressemblaient à une grosse guerre des boutons, mais à travers l'invasion de la Tchécoslovaquie par les forces armées de cinq pays du pacte de Varsovie. Peu respectueux de la chronologie des saisons, les agresseurs venaient sonner en pleine fin d'été, dans la nuit du 20 au 21 août, la fin du printemps de Prague.

Je me souviens de cette une de *Paris Match*, "Agression russe", et des photos de Josef Koudelka qui montraient la résistance passive de dizaines de milliers de Praguois défilant dans les rues, bandant les yeux des statues des héros tchèques, déplaçant les panneaux indicateurs. Surtout, il y avait ce jeune homme, qui se tenait droit devant un char russe, la chemise largement ouverte, exhibant fièrement son torse maigre. Je fus terriblement impressionné. Je me souviens aussi de l'immolation par le feu, quelques mois plus tard, sur la place Venceslas, de Jan Palach, un étudiant qui voulait par ce geste protester contre la suppression de la liberté d'expression. "Quand la liberté a disparu, il reste un pays, mais il n'y a plus de patrie", disait Chateaubriand. Ces événements ont marqué ma mémoire au fer rouge : je n'ai jamais pu comprendre l'oppression politique, les chars contre les poitrines nues, la restriction des libertés… au nom de la liberté.

Mais qu'est-ce au juste qu'un "événement" ? Les historiens disent qu'un événement se produit lorsque quelque chose advient, susceptible de bouleverser en partie la situation – des éléments surgissent qui n'étaient ni donnés ni déterminés. En somme, un jaillissement imprévisible, un jet de singularité dont la répétition émousserait la singularité même, d'une flagrance qui déstabilise le rapport au temps ordinaire.

Cette conception n'est toutefois pas celle de la théorie de la relativité qui, elle, banalise la notion d'événement : à ses yeux, tout est événement. Plus précisément, les seuls éléments de réalité qui existent selon elle ne sont pas des choses, des objets matériels par exemple, mais des événements dans l'espace-temps, chacun étant représenté par un simple point, repéré grâce à quatre coordonnées, trois d'espace et une de temps : mon stylo posé sur mon bureau à 17 h 21 est un événement ; mon stylo au même endroit une seconde plus tard est encore un événement, tout comme ce même stylo dans ma main à 17 h 22. L'événement devient en somme la norme, la platitude relativiste par excellence. Après qu'il a eu lieu, il continue d'exister dans l'espace-temps, à la même place. Rien ne peut l'effacer ou le défaire.

Je découvrais Prague en marchant, avec cette pensée obsédante en tête : les événements d'août 1968 n'y étaient plus visibles, mais ils demeuraient inscrits là, quelque part, pour toujours, à une certaine distance, exclusivement temporelle, de l'endroit que j'y occupais. Dans la trame de l'espace-temps, l'histoire est inannulable.

Mais Prague, bien sûr, n'a pas été que le théâtre d'un printemps célèbre et avorté. "Prague parée de séductions légendaires est, en effet, un de ces sites qui fixent électivement la pensée poétique, toujours plus ou moins à la dérive dans l'espace. [...] vue de loin elle apparaît, de tout le hérissement dru, unique, de ses tours, comme la capitale magique de la Vieille Europe[1]", pour reprendre André Breton. Elle est aussi la ville d'un certain Franz Kafka. Celle où Tycho Brahé vécut les deux dernières années de son existence, en tant que mathématicien impérial de la cour de l'empereur Rodolphe II. Elle est pour moi la ville où Einstein résida et enseigna durant plus d'une année – une période infiniment féconde et plutôt méconnue. Quand il y arriva, en 1911, Prague était l'un des centres européens de la modernité, un creuset des avant-gardes. Catholiques, protestants et juifs y cohabitaient plutôt pacifiquement. On y parlait beaucoup tchèque et un peu allemand.

1. André Breton, "Situation surréaliste de l'objet", conférence donnée à Prague le 29 mars 1935, *Œuvres complètes*, II, Gallimard, "Bibliothèque de la Pléiade", Paris, 1988.

À la fin de l'année 1910, la chaire de physique théorique de l'université allemande Charles s'était trouvée vacante. Créée en 1348, par l'empereur Charles VI, celle qui fut l'une des premières universités européennes connut une partition en 1882 : désormais, il y aurait deux universités, une allemande et une tchèque[1]. Plusieurs physiciens se portèrent candidats, mais c'est à Einstein, dont la réputation avait traversé les frontières, que la chaire fut proposée. Il l'accepta, mais aussitôt une énième tracasserie administrative s'en mêla : tout fonctionnaire de l'Empire austro-hongrois devait déclarer officiellement une religion, et Einstein, qui avait inscrit "aucune" sur le formulaire, en regard du mot "religion", fut contraint de revenir sur cette profession de foi, si l'on peut dire. Il demanda à l'employé du rectorat de lui substituer "religion mosaïque", ainsi

1. "La fin du XIXe siècle est une époque de luttes nationales intenses au sein de la monarchie habsbourgeoise, en particulier entre Tchèques et Allemands. L'école est au cœur des enjeux de cette lutte et l'université, par le rôle qu'elle joue dans la formation des élites intellectuelles, est pleinement impliquée dans les débats scolaires et nationaux de l'époque. En 1882, la division de l'université Charles en une université allemande et une université tchèque est ressentie par les Tchèques comme une victoire ambiguë. Ces derniers souhaitaient en effet garder une université binationale, mais en créant une chaire tchèque pour chaque chaire allemande et une curie nationale au sein de chaque faculté. Les Allemands refusent catégoriquement cette « tchéquisation » et préfèrent appeler à la création d'une nouvelle université qui ne pourrait revendiquer l'héritage et le prestige de l'université historique des pays tchèques. La proposition allemande est retenue par Vienne tout en donnant aux Tchèques un droit égal à l'utilisation du nom d'université « Charles »." *In* Marlène Laruelle, "L'enseignement de l'histoire à l'université Charles de Prague, 1882-1918", *Histoire de l'éducation*, n° 86, 2000.

qu'on appelait à l'époque, en Autriche, la religion juive.

Einstein s'installa en mars 1911 au numéro 7 de la rue Lesnicka, sur la rive gauche de la Vltava, avec Mileva et leurs deux garçons, Hans-Albert et Eduard, âgés respectivement de sept ans et de huit mois. Leur appartement se situait au deuxième étage d'un immeuble art nouveau – un style dans lequel Prague excelle –, qui, un siècle plus tard, a toujours belle allure. À l'époque, le bloc d'immeubles sortait tout juste de terre dans le quartier de Smichov, à la périphérie de la vieille ville, et l'électricité y avait été d'emblée installée.

De l'île Kampa, où se trouvait mon hôtel, il suffisait que je longe à pied le fleuve vers le sud pendant quelques minutes pour rejoindre la rue Lesnicka. En cet après-midi de juillet, aucune allée et venue… Comment parviendrais-je à entrer dans les lieux ? Je dus me contenter d'observer. Après tout, je me trouvais là même où Einstein avait vécu cent cinq ans plus tôt. Et cela suffisait à m'émouvoir. Je me postais sur le trottoir d'en face, et envisageais son immeuble comme sa théorie de la relativité restreinte, lue rigoureusement, invite à le faire : ce bâtiment de pierre et de stuc n'était pas une chose statique dans l'espace, mais une suite d'événements dans l'espace-temps ; il n'était pas un volume à trois dimensions, mais un hyper-volume à quatre dimensions qui aurait commencé de prendre corps dans la profondeur du passé et n'aurait jamais cessé de se translater dans le temps, instant après instant, tout en demeurant invariablement au même endroit. En somme, il avait perduré en se répétant identiquement à lui-même, continûment, sans jamais s'absenter, sans rater le moindre instant présent passant par là. Fascinante mise en perspective, en abîme même : la persistance des choses immobiles cache une dynamique invisible, profonde, celle de la succession ininterrompue des instants qui ont transporté leur présence depuis leur première apparition. Montaigne me revenait en mémoire : "Le monde n'est qu'une branloire pérenne. Toutes choses y branlent sans cesse, la terre, les rochers du Caucase, les pyramides d'Ægypte : et du branle public, et du leur. La constance même n'est autre chose qu'un branle plus languissant."

Mais, dans la ligne d'univers de cet immeuble, il y avait eu un changement notable : à l'occasion des célébrations du centenaire de la naissance d'Einstein, une plaque de bronze avait été apposée sur la façade, à gauche de la porte, avec un portrait en relief. Einstein ne s'y ressemble pas : il a l'air sévère, sans malice ni vivacité. Sa personne physique qui avait quitté Prague en 1912 y était donc revenue en 1979 sous la forme de cette sculpture ratée. Finalement, me dis-je, cette enquête ne serait-elle qu'un prétexte pour m'immiscer, autant que possible, dans le voisinage de ses lignes d'univers ?

Les Einstein demeurèrent à Prague seize mois. Albert aima cette ville, tandis que Mileva, plongée dans ce nouvel environnement, dut faire face à de nombreux problèmes domestiques, et déprima. Le couple vécut là ses premières grosses tensions, si l'on en croit les confidences qu'Einstein fit alors à Michele Besso.

Einstein prit la direction de l'Institut de physique théorique de l'université allemande Charles. Les jours de semaine, il enseignait dans un chef-d'œuvre du baroque praguois, le Clementinum, un ancien collège jésuite qui avait été rattaché à l'université.

Einstein aimait marcher. Pour rejoindre le Clementinum, tantôt il suivait la rive gauche du fleuve, passait par l'île Kampa qui le charmait tant, puis traversait le pont Charles ; tantôt il traversait le pont des Légions qui mène au théâtre national et longeait la rive droite, qui offre un joli point de vue sur le château de Prague. J'empruntai les deux itinéraires qui, ajoutés l'un à l'autre, font un parfait rectangle. Un rectangle vraiment magnifique. En vérité, je ne connais pas plus beau trajet pour aller faire cours.

Les leçons d'Einstein portaient sur la mécanique, la physique moléculaire et la thermodynamique. Elles avaient du succès, en tout cas beaucoup plus qu'à Berne. Une vingtaine d'étudiants et quelques auditeurs libres les suivaient assidûment. Le charme des cours qu'il donnait tenait à son naturel peu commun, à sa mise décalée, à sa façon originale d'éviter tout effet de rhétorique. Il cherchait à ramener chaque sujet à sa forme logique la plus simple, puis à la présenter d'une manière originale. À ces qualités pédagogiques s'ajoutaient "une pointe d'humour, quelques plaisanteries de bon vivant qui ne faisaient de mal à personne, et une mine à la fois heureuse et étonnée, comme un enfant devant les cadeaux de Noël qu'il vient de recevoir[1]", au dire de Philippe Frank, le professeur de physique qui lui succéda à Prague et qui deviendrait l'un de ses biographes.

1. Philippe Frank, *Einstein, Sa vie et son temps*, Flammarion, "Champs", Paris, 2009, p. 150.

Je décidai de me rendre à l'Institut de physique théorique de l'université Charles, situé sur l'une des hauteurs de la ville, à deux pas de l'église Sainte-Catherine, rue Viničná – presque en droite ligne du domicile d'Einstein, mais sur l'autre rive du fleuve.

De son bureau, Einstein avait vue sur un très beau parc, de l'autre côté de la rue. Bien qu'abîmé dans son travail, comme à l'accoutumée, il remarqua cependant vite que des femmes, seulement des femmes, s'y promenaient le matin, et des hommes, seulement des hommes, l'après-midi. Certaines personnes marchaient seules, tête baissée, plongées dans leurs pensées, d'autres déambulaient en groupe et leurs échanges tournaient souvent à la dispute. Intrigué par cet étrange manège, Einstein finit par demander des explications. On lui répondit qu'il s'agissait du jardin de l'asile d'aliénés.

Un jour qu'il était particulièrement préoccupé par les bizarreries du comportement tantôt corpusculaire, tantôt ondulatoire de la lumière, Einstein reçut la visite de Philippe Frank auquel il montra du doigt un groupe de malades très agités en lui disant : "Ce sont les seuls fous que je connaisse qui ne s'occupent pas de mécanique quantique."

Est-ce parce qu'il craignait de perdre la raison qu'à Prague Einstein délaissa progressivement les *quanta* (auxquels il reviendrait dix ans plus tard) pour se concentrer sur le problème de la gravitation ? Cette évolution fut en tout cas fructueuse, et déboucha sur la formulation d'idées nouvelles, qui furent autant de jalons cruciaux sur la route de la théorie de la relativité dite "générale" (pour la distinguer de la théorie de 1905, la relativité "restreinte", d'où la gravitation est absente[1]).

Aujourd'hui, l'asile d'aliénés est un hôpital psychiatrique. Autres mots, autres traitements... Mais les fenêtres sont toujours grillagées, du moins certaines d'entre elles. Son parc est désormais ouvert au public, et je m'y promenai en prenant garde de paraître normal (vaste question) et surtout, en vertu du principe de précaution devenu constitutionnel, de ne pas penser à la physique quantique. Je pérambulais, séduit par la majesté des arbres, en cherchant à reconstituer cette fois le fil de l'histoire de la théorie de la relativité générale, du moins de ses prémices.

En 1907, le physicien allemand Johannes Stark avait demandé à Einstein, qui était encore en poste à Berne, d'écrire un article de synthèse sur la relativité restreinte[2]. Il arrive souvent que le processus de rédaction fasse émerger des questions inédites. Coucher sur le papier ce qu'on sait et ce qu'on en pense peut conduire à une forme de rationalisation de la pensée scientifique : à elle seule, l'écriture n'engendre pas de connaissances scientifiques, mais elle peut être une étape utile sur la voie qui y mène, en donnant au savoir l'occasion de s'organiser peu à

1. Ces appellations ne sont au demeurant pas très heureuses. La théorie de la relativité dite "restreinte" est en réalité une théorie "universelle" de l'espace-temps : elle est née dans le contexte particulier de l'électromagnétisme, mais il s'agit aujourd'hui d'une "théorie-cadre" qui vaut pour toutes les autres interactions fondamentales, y compris nucléaires. La théorie de la relativité dite "générale" est, elle, une théorie de la seule gravitation, donc plus spécifique.
2. Albert Einstein, *Jahrbuch der Radioaktivität*, 4, 411, 1907.

peu. C'est ainsi qu'Einstein en vint à se demander comment inclure la gravitation au sein de sa théorie de la relativité.

Ce projet était à la fois nécessaire et délicat, pour une raison facile à comprendre. Selon Isaac Newton, changer la distribution de matière dans une région donnée de l'espace modifierait instantanément et dans tout l'univers le champ de gravitation, comme si l'information s'était propagée à une vitesse infinie à travers l'espace. Or, cette hypothèse contredit le fait que la vitesse de la lumière est une vitesse limite, et suppose l'existence d'un temps absolu – sinon la notion de simultanéité n'aurait pas de sens. Par sa construction même, la théorie classique de la gravitation apparaissait rigoureusement incompatible avec deux des conséquences principales de la théorie de la relativité restreinte.

Cette contradiction ne cessait de tourmenter Einstein. Mais un beau jour de novembre 1907, à l'issue de je ne sais quelle succession d'images et de réflexions, il eut l'idée "la plus heureuse de sa vie" : "J'étais assis sur ma chaise au Bureau fédéral de Berne et je compris d'un coup que si une personne est en chute libre, elle ne sentira pas son propre poids. J'en ai été saisi. Cette pensée me fit une grande impression. Elle me poussa vers une nouvelle théorie de la gravitation[1]." Grâce à cette chute imaginaire, Einstein prit pleinement conscience d'une sorte d'évidence compréhensible par tout un chacun mais jamais

1. Albert Einstein, *Les Idées fondamentales et les méthodes de la théorie de la relativité exposées selon leur développement*, manuscrit inédit de 1920 (bibliothèque Pierpont-Morgan, New York, copie aux archives Einstein).

formulée par quiconque : lorsque nous tombons en chute libre, tout ce qui est proche de nous (parapluie, chapeau, portefeuille) tombe comme nous puisque la vitesse de chute des objets est la même pour tous les objets ; nous avons donc l'impression que la pesanteur a disparu dans notre voisinage alors même que nous sommes en train de subir sa loi ; tout se passe comme si l'accélération produite par la chute effaçait le champ de gravitation local…

Songe ? Vision ? Cette représentation intérieure, qui lui permit d'entrevoir ce qu'impliquaient les lois newtoniennes de la gravitation, amena Einstein à postuler qu'il y aurait une sorte d'identité formelle – en fait une équivalence – entre accélération et gravitation : si une accélération peut effacer un champ gravitationnel réel, elle peut aussi créer l'apparence d'un champ gravitationnel là où il n'y en a point. En conséquence de ce "principe d'équivalence", comme il le nommerait, une personne se trouvant dans une cabine d'ascenseur sans fenêtre ne saurait dire si la cabine est au repos dans un champ gravitationnel ou si elle est hors de tout champ gravitationnel mais tirée dans une certaine direction avec une accélération constante. Dans les deux cas, cette personne sentirait ses pieds plaqués au "plancher" et, si elle lâchait un objet, il tomberait exactement comme il le fait sur terre.

Cette expérience de pensée qui fut aussi, d'une certaine façon, une expérience corporelle, rappelle celle qu'Einstein vécut à Aarau, où il s'était imaginé à cheval sur une onde électromagnétique et avait compris qu'elle lui apparaîtrait stationnaire – ce qui pourtant n'était pas compatible avec la théorie de l'électromagnétisme élaborée par Maxwell.

Einstein avait ainsi l'art de choisir le point de vue qui éclaire le mieux les concepts et les situations : aussitôt, le réel s'en trouvait haussé d'un cran et la pensée réalisait une sorte d'ascension sur place. Une fois le nouveau point de vue entraperçu, il allait au bout de sa logique et de ce qu'elle impliquait pour la physique tout entière, testait sa cohérence, sondait sa consistance, et il n'hésitait pas à bouleverser ce qui lui semblait devoir l'être. En l'occurrence, il proposait de généraliser le principe de relativité, que la théorie de la relativité restreinte réservait aux seuls référentiels galiléens, c'est-à-dire en mouvement rectiligne et uniforme les uns par rapport aux autres : pour espérer décrire la gravitation, il devenait impératif de l'étendre aux référentiels accélérés.

À Prague, par une belle journée de 1911, assis dans l'une des pièces tranquilles de l'Institut de physique théorique, Einstein réalisa une seconde percée décisive, dans la même veine que celle qu'il avait faite à Berne. Il comprit une conséquence extraordinaire du principe d'équivalence lorsqu'on l'applique, non plus à un corps massif qui tombe ou qu'on accélère, mais à la lumière. Imaginons, suggéra-t-il, que la cabine d'un ascenseur effectue un déplacement uniformément accéléré, hors de tout champ de gravitation, et qu'un rayon de lumière parallèle au plancher passe par un minuscule orifice aménagé dans l'une de ses parois. La vitesse de la lumière n'étant pas infinie, il lui faut un certain temps pour atteindre la paroi opposée, pendant lequel la cabine se sera déplacée vers le "haut", de sorte que le point d'impact du rayon lumineux sera un peu plus proche du plancher que l'orifice d'entrée. Si l'on pouvait observer la trajectoire du rayon lumineux traversant la cabine, on constaterait qu'elle est courbée en raison de cette accélération. Qu'impose alors le principe d'équivalence ? se demanda Einstein. Que cet effet serait le même si la cabine d'ascenseur était immobile dans un champ de gravitation. En résumé, contrairement à ce qu'énonce la théorie classique, le trajet de la lumière, bien qu'elle soit sans masse, doit être dévié par la gravitation !

Cette idée, qui choque violemment l'intuition, n'inquiéta pas Einstein pour autant. La physique n'est ni la bureaucratie des apparences ni un plagiat de la réalité – n'a-t-il pas été l'un des mieux placés pour le savoir ? Apparue sur les rives de la Vltava, dans le recoin d'un esprit étourdissant, elle s'étaierait progressivement, suivrait son cours, se formaliserait, et finirait par agir comme un sésame cosmique en bouleversant la structure même de l'univers physique. Il en alla comme il en allait toujours : dès qu'une idée se formait en lui, Einstein la poursuivait, sans se soucier qu'elle lui parût étrange, bizarre ou saugrenue, laissant ce souffle spirituel le porter plus avant ; il se suspendait à l'idée, telle l'araignée à son fil de soie, descendant de sa toile, y remontant, tissant, capturant… Tout cela, patiemment. Des expériences de pensée pouvaient ainsi germer et peu importait le lieu. Dotées d'une sorte d'autonomie, elles dessinaient les contours d'un paysage imaginaire qui devenait plus réel que la réalité, servaient de point d'appui à sa réflexion et ne le laissaient jamais en repos.

Deux ans plus tard, l'image de la cabine d'ascenseur l'obsédait toujours. En août 1913, il randonnait autour du lac de Côme avec quelques amis, dont

Marie Curie, et leur conversation à tous deux l'absorbait à tel point qu'il longeait des crevasses impressionnantes et escaladait des rochers sans même s'en apercevoir. Tout à coup, il agrippa le bras de la jeune femme et lança : "Vous comprenez, Marie, j'ai besoin de savoir ce qui se passe exactement dans un ascenseur quand il tombe dans le vide[1] !"

Depuis longtemps, je m'interroge sur la mystérieuse efficacité de ces expériences de pensée, qui associent l'imagination et la réflexion. D'où vient qu'elles suffisent, parfois, pour découvrir des lois de la nature ? Un regard capable de cerner le vrai travaillerait-il au-dedans de nous, qu'il suffirait de solliciter ? Un regard qui viendrait inquiéter ce que nous percevons jusqu'à le démentir parfois ? "La raison humaine serait-elle capable, se demandait Einstein, sans avoir recours à l'expérience, de découvrir par la pensée seule les propriétés des objets réels[2] ?" La pensée nous donnerait-elle les moyens de saisir les objets réels tels qu'ils sont en eux-mêmes, alors que l'observation directe ne les livre jamais qu'accompagnés d'une partie de nous-mêmes, par exemple de l'idée préconçue que nous en avons[3] ?

1. Albrecht Fölsing, *Albert Einstein, A Biography*, *op. cit.*, p. 325.
2. Cité par R. Boirel, "Les applications des mathématiques", in *Les Mathématiques*, Retz-CEPL, "Les encyclopédies du savoir moderne", Paris, 1973-1975, p. 184.
3. Au cours des années 1920, lorsque la physique quantique se mit sur pied pour rendre compte du comportement des atomes et des particules, elle sema le trouble dans l'esprit d'Einstein, car elle semble échapper à ce réalisme ordinaire par le fait qu'elle attribue un rôle fondamental à l'opération de mesure, qui ne peut donc plus être considérée comme l'enregistrement neutre et passif de grandeurs existant objectivement. Einstein y vit le signe que cette nouvelle physique devait être complétée par des

À l'âge de treize ans, encouragé par son oncle Jakob, Einstein avait renouvelé l'exploit de Blaise Pascal en lisant de bout en bout un traité de géométrie euclidienne. Cette expérience fut pour lui inoubliable et sans doute décisive : il comprit que l'intellect est en mesure de déterminer les propriétés de certains objets. L'homme pourrait-il atteindre, par sa seule pensée, un degré de certitude et de clarté analogue à celui auquel étaient parvenus les Grecs dans l'étude de la géométrie ?

Comment vérifier que le trajet d'un rayon lumineux est effectivement dévié par la gravitation ? Par quel truchement expérimental garantir que l'expérience de pensée praguoise rencontrait effectivement la réalité des choses ?

La vitesse de la lumière étant très grande comparée aux vitesses ordinaires, une telle déviation n'est pas facilement observable sur Terre. Pourtant, en 1911, Einstein suggéra qu'elle pourrait être mesurée avec la lumière qui nous arrive de certaines étoiles fixes en passant près de la surface du Soleil. En règle générale, l'éclat aveuglant du Soleil nous empêche de voir les étoiles fixes qui se trouvent dans sa direction, mais elles deviennent visibles lors d'une éclipse totale du Soleil. Dans ce cas, une éventuelle déviation de la lumière deviendrait mesurable. En juin 1911, Einstein publia son idée dans "De l'influence de la gravitation sur la propagation de la lumière[1]", et l'expliqua en ces

ingrédients dont la prise en compte la ferait rentrer dans le rang du réalisme classique. (Voir Étienne Klein, "Albert Einstein : le monde est-il vraiment compréhensible ?", *Philosophie magazine*, n° 95, décembre 2015-janvier 2016.)

1. Albert Einstein, *Œuvres choisies*, vol. 2, *op. cit.*, p. 132-139.

termes : “Puisque les étoiles fixes, dans les régions du ciel proches du Soleil, deviennent visibles au cours des éclipses totales, il est possible de contrôler par la mesure cette conclusion théorique.” Et il conclut son article par une sorte d’appel au peuple des astronomes : “Il serait extrêmement désirable que les astronomes examinent le problème ici énoncé, même si les arguments développés ci-dessus leur apparaissent insuffisamment fondés, voire bizarres.”

L’appel fut entendu. Les astronomes avaient prédit qu’une éclipse totale rassemblant toutes les conditions requises pour effectuer une telle mesure serait visible en Crimée le 21 août 1914. Erwin Freundlich, un astronome allemand de l’observatoire de Potsdam, organisa une première expédition qui se mit en route juste au moment… où se déclara la Première Guerre mondiale. Les soldats du tsar emprisonnèrent le savant et son équipe, et confisquèrent leurs instruments.

La nouvelle de ces arrestations attrista beaucoup Einstein : “Mon bon camarade Erwin Freundlich, au lieu d’observer une éclipse du Soleil en Russie, va tâter de la prison dans ce pays. Je me fais du souci pour lui[1].” En réalité, l’astronome fut rapidement échangé contre un certain nombre d’officiers russes de haut rang. Il passerait la période de la guerre à Berlin, où il consacrerait une partie de son temps à aider Einstein, une autre à écrire les *Fondements de la théorie de la gravitation d’Einstein*.

D’un certain point de vue, l’échec de l’expédition en Crimée fut un coup de chance, car la prédiction

1. Lettre à Paul Ehrenfest du 14 août 1914, *in* Albert Einstein, *Le Pouvoir nu, Propos sur la guerre et la paix, op. cit.*, p. 13.

d'Einstein – une déviation de 0,83 seconde d'arc des rayons lumineux par le Soleil – n'était pas encore assez mûre pour obtenir la bénédiction céleste. Si Freundlich avait pu réaliser ses mesures, elles auraient contredit le résultat des calculs d'Einstein, qui étaient encore préliminaires, et faux...

Ce long détour par la Bohême n'occupe qu'une très petite place dans les biographies d'Einstein, comme s'il s'agissait d'un épisode mineur, d'une parenthèse sans importance. Mon séjour de quelques jours à Prague, ponctué de rencontres avec des universitaires tchèques, me fit constater que cette vulgate n'est qu'une réduction : les années 1911 et 1912 ont été riches, décisives et intenses pour Einstein, alors en route vers une théorie relativiste de la gravitation. Il y fut traversé par des idées cruciales, y publia pas moins de onze articles – sur les *quanta*, la théorie de la relativité et la gravitation.

À Prague aussi il fit des rencontres marquantes.

Tous les mardis soir, Einstein se rendait au numéro 17 de la place de la Vieille-Ville, dans l'appartement de Berta Fanta. Cette femme, dont le mari était un riche pharmacien, avait remplacé sa foi juive par la croyance dans la science et dans l'évolution de l'humanité, et ouvert un salon que fréquentaient nombre d'artistes et d'intellectuels – surtout des brentanistes. On y parlait politique, philosophie, littérature et art. On y jouait de la musique aussi. Einstein se plaisait à y interpréter Mozart avec la pianiste Ottilie Nagel. C'est ici qu'il rencontra l'écrivain Max Brod, et peut-être aussi son grand ami, Franz Kafka. Mais Kafka, qui avait assisté à plusieurs réunions quelques années auparavant, avait préféré se retirer, n'ayant aucune sympathie pour la philosophie de Franz Brentano. La plaque posée sur la façade enjolive certainement la réalité en avançant que le physicien et l'écrivain étaient devenus amis *("Here, in the salon of Mrs Bertha, Albert Einstein, Professor at Prague University in* [sic] *1911 to 1912, founder of the theory of relativity, Nobel prize winner, played the violin and met his friends famous writers Max Brod and Franz Kafka").* Là encore, le visage d'Einstein, de profil, contredit à la fois sa personnalité et ses traits : triste, froid, et bien plus âgé qu'il n'était alors.

Il fréquentait aussi le café Louvre, une institution praguoise, et le café Montmartre, où se côtoyaient intellectuels et artistes. Le week-end, sa promenade préférée consistait à monter jusqu'au pavillon Hanavský, au point culminant du parc de Letná et à contempler la Vltava, les ponts qui ponctuent son cours, et le château au loin.

Mais à Prague, il y eut beaucoup plus marquant que cette vie sociale, riche de soirées et de partages musicaux – le seul plaisir, selon Schopenhauer, dans lequel le génie solitaire peut se retrouver en phase avec lui-même. Il y eut la rencontre d'un "compatriote", d'un physicien théoricien, qui deviendrait son ami le plus cher et à qui, un jour, il écrirait : "J'ai besoin de ton amitié autant et peut-être plus que toi de la mienne." Cet homme s'appelait Paul Ehrenfest.

Né à Vienne le 18 janvier 1880, il avait quasiment le même âge qu'Einstein – la trentaine à peine entamée. En Autriche, il avait eu pour maître le grand Ludwig Boltzmann, l'homme qui a démontré que l'on peut retrouver les lois de la thermodynamique à partir des propriétés microscopiques des constituants de la matière, en utilisant les probabilités. Puis, en 1901, il était parti pour Göttingen se former aux mathématiques avec – excusez du peu – Felix Klein, le chef de l'école mathématique allemande, Ernst Zermelo, l'un des pionniers de la théorie des ensembles, et David Hilbert, le concepteur de la liste des vingt-trois problèmes ouverts en mathématiques. C'est dans cette petite ville universitaire qu'il avait fait la connaissance d'une jeune étudiante russe, rieuse et aveuglante comme une tombée de foudre. Sentant aussitôt la brûlure du grand amour, il lui avait parlé avec des lèvres en sucre, en veillant à bien articuler lorsqu'il devait prononcer son nom de famille, un exercice de diction à lui tout seul : la belle s'appelait Tatiana Alexeyevna Afanassjewa. De retour à Vienne, en 1904, il l'avait épousée et elle en avait profité pour simplifier son nom. Comme Paul, Tatiana était physicienne. Or, il arrive que la physique colonise le champ amoureux : très vite, les deux époux collaborèrent étroitement sur des questions de physique théorique, notamment sur l'interprétation statistique de la thermodynamique[1].

Paul Ehrenfest était fasciné par les travaux d'Einstein : comment un homme seul, isolé, se demandait-il, avait-il pu en si peu de temps rédiger quatre articles révolutionnaires ? Alors, en 1912, il avait écrit à plusieurs reprises au père de la relativité, pour lui dire qu'il souhaitait vivement le rencontrer. Einstein

1. Le problème consiste à établir proprement, étape par étape, le lien entre le comportement global d'un système macroscopique, par exemple d'un volume de gaz, et le nombre gigantesque d'événements élémentaires qui le déterminent.

avait fini par accepter. Leur premier rendez-vous dans l'espace-temps praguois fut déterminant.

Au jour et à l'heure dits, Einstein l'attendait sur le quai de la gare centrale de Prague, un cigare à la bouche. Mileva se tenait à son côté. Ils se rendirent tous les trois dans un café où ils discutèrent de presque tout, sauf de science. Puis Mileva quitta les deux hommes pour préparer le dîner. Einstein et Ehrenfest marchèrent alors jusqu'à l'université en parlant de physique tout le long du chemin. Soudain un violent orage éclata, dont le seul effet immédiat fut de contraindre les deux hommes à élever la voix sous une pluie torrentielle. Ce soir-là, Einstein avait rendez-vous avec les trois partenaires de son quatuor à cordes. Il chargea donc l'un de ses collègues, Anton Lampa, de s'occuper de son hôte, littéralement trempé.

Après la répétition, Einstein revint chercher Ehrenfest à l'université pour l'emmener dîner chez lui. À 1 h 30 du matin, ils discutaient encore. Les physiciens enjoués sont ainsi faits : lorsqu'ils parlent de physique, il leur est impossible de secouer une question sans secouer toutes les autres, tant cette broussaille est vivace et enchevêtrée – branches, tiges, troncs, ramure et racines sont plus longs et plus noueux que le chiendent. Ils peuvent tourner longtemps autour d'un sujet sans jamais parvenir à l'épuiser. “Nous sommes devenus de vrais amis en quelques heures, écrira Einstein, comme si nos rêves et nos aspirations étaient faits pour se rencontrer[1].”

1. Cette phrase est extraite d'un texte d'Einstein paru dans l'*Almanach van het Leidsche Studencorps* en 1934. Il est reproduit dans Albert Einstein, *Œuvres choisies*, vol. 5, *op. cit.*, p 215.

Exaltation partagée. Deux jours durant, les nouveaux amis ne cessèrent de parler que pour dormir ou jouer ensemble de la musique – Ehrenfest au piano, Einstein au violon. Une mention dans le journal de Paul Ehrenfest, à la date du 12 février 1912, fait écho à l'enthousiasme d'Einstein : "Oui, nous serons amis. Ai été terriblement heureux[1]." Dans la lignée des "parce que c'était lui, parce que c'était moi", Montaigne et La Boétie avaient fait deux adeptes.

Pendant les vingt années suivantes, Einstein et Ehrenfest se virent régulièrement et s'écrivirent beaucoup, un peu à la manière de Stefan Zweig et de Romain Rolland. Deux êtres intriqués au sein d'un même monde, corrélés l'un à l'autre d'une façon qui se jouait de l'espace et du temps. Deux êtres à l'anticonformisme joyeux. Mais l'existence de Paul Ehrenfest fut tragiquement orientée par une secrète fêlure. Une épine qui propageait sa douleur jusqu'au cœur de cette belle amitié et dont il ne pourrait jamais se débarrasser : sa connaissance approfondie de toute la physique ne faisait pas de lui un créateur, un concepteur. "Tous les polisseurs de lunette ne sont pas des Spinozas", a écrit Blaise Cendras dans *L'Or*. Paul Ehrenfest se rangeait du côté des passeurs, des commentateurs, si bien qu'il souffrait constamment d'un complexe d'infériorité à l'égard de celui qu'il considérait comme un phénomène. "Souviens-toi que je me promène, parmi les monstres que vous êtes, comme une grenouille inoffensive et sans défense qui craint de se faire écraser[2]", écrirait-il à Einstein

1. Cité par Martin Klein, in *Paul Ehrenfest, The Making of a Theoretical Physicist*, American Elsevier, 1970, p. 86.
2. Lettre de Paul Ehrenfest à Albert Einstein du 16 août 1920.

en août 1920. Ou encore : "Ce que je parviens à faire n'est pas de la science, mais un peu de conversation distrayante sur la physique – la physique des autres. Je serais parfaitement heureux si je n'étais pas si mou et mon ambition pas si stérile[1]."

Paul Ehrenfest mettrait fin à ses jours le 25 septembre 1933. Einstein serait littéralement dévasté lorsqu'il apprendrait le suicide de son meilleur ami.

Maints ouvrages ont développé la rhétorique du détachement affectif qu'il se serait plu à cultiver. Cette ritournelle fut pourtant démentie par les faits à de nombreuses reprises. Einstein a toujours souffert de voir son cercle intime se désagréger. Mais il était peu enclin aux démonstrations de sentimentalité, ce que d'aucuns ont interprété comme une marque de distance, voire d'insensibilité. C'est pourtant le même homme qui un jour, questionné à propos de sa philosophie personnelle, répondit :

> Que la destinée des mortels que nous sommes est étrange. Nous sommes ici pour un bref séjour et pour une raison que nous ignorons, même si nous croyons parfois la percevoir. Mais la vie quotidienne nous apprend que nous vivons pour les autres, d'abord pour ceux dont les sourires et le bien-être sont essentiels à notre bonheur.

Mais doit-il toujours y avoir un lien direct entre ce que l'on dit et ce que l'on fait? Einstein disait avoir besoin de paix, Einstein voulait travailler, et ses paroles visaient plus souvent à protéger son moi profond plutôt qu'à l'exprimer : nul ne l'a jamais vu

1. Lettre de Paul Ehrenfest à Albert Einstein du 2 septembre 1920.

manifester de la jalousie, de la vanité, de l'amertume ou de la colère, comme s'il s'était immunisé contre ces sentiments-là.

15

HÔTEL MÉTROPOLE, PATRIE DES ESPRITS FRÈRES

Comme j'aimerais qu'il existe une île peuplée uniquement d'hommes sages et de bonne volonté! On m'y verrait devenir, moi aussi, un fervent patriote.

ALBERT EINSTEIN

En octobre 1911, Einstein quitta Prague quelques jours pour assister à Bruxelles au premier congrès Solvay. Son thème était précurseur : le rayonnement et les *quanta* – ces drôles d'entités introduites par Max Planck à la toute fin de l'année 1900. Durant ses années bernoises, Einstein s'était régulièrement rendu en Belgique, à Anvers surtout, où vivait César Koch, le frère de sa mère Pauline. Il adorait celui qu'il avait choisi d'appeler l'"oncle César" et que toute la famille appelait ainsi. Preuve qu'on peut avoir une autorité naturelle sans aimer l'autorité.

Je pris le train pour Bruxelles un week-end de novembre 2015, dans une ambiance sinistre. La ville était complètement bouclée par des hommes en armes à la suite des attentats qui venaient de se produire à Paris et à Saint-Denis.

Dès mon arrivée, je rendis visite au petit-fils de l'oncle César, Jean Ferrard, célèbre organiste et professeur de musique. La chaleur des lieux et la gentillesse de leur maître contrastaient avec l'actualité. Aux murs de sa maison, des portraits de compositeurs, et, dans deux vitrines, sans doute la plus grande collection qui soit de figurines de Bach. Il m'invita à monter au premier étage, dans son bureau qui regorge de livres et donne sur un jardin aux arbres centenaires, en pleine ville... Je découvris avec surprise que celui qui était devenu l'une des icônes du XXe siècle était passé sous silence dans sa propre famille : "Pendant les réunions familiales, me dit-il, on ne prononçait jamais le nom d'Albert Einstein." Est-ce parce qu'il avait coupé les amarres en 1933, contraint par l'Histoire ? Je l'écoutais en dégustant une bière à la mousse épaisse, quand il me tendit une photo que je n'avais jamais vue, prise le 1er décembre 1930 à Berlin : Einstein a cinquante et un ans, et son élégance dément sa réputation. "Je suis né en 1944, onze ans avant la mort d'Albert Einstein, poursuivit-il. En principe, j'aurais pu le croiser, mais je ne suis pas allé à Princeton et, après 1933, il n'est jamais revenu en Europe. Souvent, je me dis que j'aurais aimé jouer de la musique avec lui." Comment un être que vous ne connaissez pas peut-il vous manquer ? Nos sentiments respectifs se rencontraient. Et la pudeur de Jean Ferrard m'émut.

Le congrès Solvay eut lieu à l'hôtel Métropole, place de Brouckère, dans le centre historique. Je suivis les indications de Jean Ferrard, et me retrouvai vingt minutes plus tard dans un palace : colonnes, arcades, vitraux, miroirs et dorures partout, plafonds à caissons, lustres gigantesques, bronze, stuc, bois précieux, fer forgé… Il faut dire que l'architecte-ornemaniste Alban Chambon avait fait les choses en grand et mélangé allègrement les styles ; il s'inspira de la Renaissance française pour le vestibule, de l'italienne pour la grande salle des fêtes, de l'art hindou pour le salon de réception, du style anglais pour le bureau et son interminable comptoir de teck derrière lequel, aujourd'hui, scintillent encore des rangées de ces lourdes et belles clés argentées, pied de nez à la triste mode des cartes magnétiques.

La salle de réunion où s'était tenu le congrès se situe au premier étage, à droite de l'escalier monumental. Comparée au reste, elle ne paie pas de mine : une quarantaine de mètres carrés, un peu de marbre au mur, une longue table au milieu. Pourtant, c'est entre ses murs que s'écrivit l'une des plus fameuses pages de l'histoire de la physique du XXe siècle.

De cette conférence internationale d'un genre nouveau – la première d'une longue série –, la seule image qui subsiste est une célèbre photo de groupe qu'on peut voir dans la plupart des manuels de physique et qui juxtapose vingt-quatre savants de tout premier plan : Albert Einstein, Max Planck, Hendrik Lorentz, Jean Perrin, Ernest Rutherford, Paul Langevin, Arnold Sommerfeld, Henri Poincaré… Vingt-quatre hommes, qui avaient ou allaient recevoir le prix Nobel, et une femme, la physicienne Marie Curie. Corécipiendaire du prix Nobel de physique en 1903, elle apprendrait, le mois suivant, que le prix Nobel de chimie 1911 lui était aussi attribué.

C'est Ernest Solvay, une figure emblématique du XIXe siècle belge, qui avait réuni le "gratin" de la physique d'alors. Né en 1838 dans un village proche de Bruxelles, issu de la moyenne bourgeoisie, cet autodidacte inventif avait bâti sa fortune en développant un procédé de fabrication de la soude. Il était de ces industriels, libéraux, philanthropes et laïques qui plaçaient toute leur confiance dans le progrès technique.

Une grave maladie l'avait empêché de suivre des études universitaires, mais il était sincèrement fasciné par la science, en laquelle il voyait un moyen d'émancipation spirituelle autant que matérielle, un guide autant qu'un outil. "Être en contact avec les savants, confia Solvay, devenir un peu savant soi-même si possible, envisager la révision des données physiques, dévoiler ainsi le réel, le définitif, fut le rêve doré de toute ma vie[1]."

Au printemps 1910, Walther Nernst, professeur de chimie physique à l'université de Berlin, était venu lui proposer d'organiser et de financer une conférence internationale sur la "nouvelle physique", précisément sur "la théorie du rayonnement et les *quanta*". Les idées de Planck et d'Einstein, ces deux fers de lance d'une nouvelle physique, devaient être diffusées, et reconnues par les physiciens. Et pour cause[2]... Nernst avait lui-même établi un "théorème de la chaleur", qui ne prenait tout son sens et toute son importance que dans le cadre de la théorie des *quanta*, alors à l'ébauche. Quoi qu'il en fût, Ernest Solvay sauta sur

1. E. Solvay, "Jubilé du chimiste Ernest Solvay", in *Notes, lettres et discours d'Ernest Solvay*, vol. 2, Lamertin, Bruxelles, 1929, p. 429.
2. L'initiative de Walther Nernst n'était pas sans arrière-pensées. Désireux d'obtenir le prix Nobel (qu'il recevrait en 1920, en chimie), il souhaitait que la théorie des *quanta* fût davantage prise en compte.

l'occasion qui lui était donnée de rencontrer les meilleurs esprits scientifiques de son temps.

Dans *Un tout petit monde*, David Lodge a fort justement décrit la futilité de l'exercice ritualisé du colloque, comble du maniérisme académique : on écoute, sans écouter, l'orateur lire un papier (ou, aujourd'hui, commenter un fichier Powerpoint) qu'on aurait pu lire bien plus confortablement chez soi ; quelques questions polies ou tordues suscitent quelques réponses érudites ou vagues dans l'indifférence générale, et place à l'orateur suivant. Mais le premier congrès Solvay et ceux qui suivraient furent tout à fait autre chose.

Dans l'enceinte de l'hôtel Métropole régnait une attention particulière, une fièvre partagée. La physique, en plein bouleversement depuis quelques années, traversait une crise profonde, donc enthousiasmante. Les expérimentateurs présents savaient que leurs résultats pouvaient donner lieu à la reformulation par les théoriciens d'arguments en faveur d'une interprétation nouvelle. Les théoriciens n'ignoraient pas que les expérimentateurs pouvaient mettre à bas leurs théories chéries. Un nouveau monde s'ouvrait, prodigieusement incertain. Un monde où les credo les plus illustres pouvaient être contestés. On se disputait à coups de thèses et d'antithèses, d'arguments et d'objections. La pagaille était courtoise et inventive.

En résumé, il y avait des nouveautés dans tous les domaines et partout du pain sur la planche.

L'atome, découvert depuis peu, venait de révéler, grâce aux travaux d'Ernest Rutherford, qu'il était en réalité un édifice composite, constitué d'un noyau très dense, deux cent mille milliards de fois plus dense que l'eau liquide, autour duquel s'agitent des électrons. Par quels mécanismes pouvait-il émettre ou absorber de la lumière ?

À cette époque, les physiciens connaissaient en tout et pour tout deux particules élémentaires : l'électron, dont la découverte, attribuée à Joseph Thomson, remontait à 1897, et le proton, que le même Ernest Rutherford venait d'identifier. Le "grain de lumière" inventé par Einstein en 1905 provoquait encore des résistances[1]. Comment la lumière, si elle était composée de corpuscules, pouvait-elle produire les phénomènes d'interférences ? se demandait-on dans l'hémicycle de l'hôtel Métropole. Par quelle bizarrerie comportementale des photons ajoutés à des photons pourraient-ils engendrer tantôt plus de lumière, tantôt de l'obscurité, c'est-à-dire une absence totale de lumière ?

Les travaux d'Henri Becquerel, puis de Marie et Pierre Curie, menés à la toute fin du XIXe siècle, avaient établi que si la plupart des atomes qu'on trouve sur Terre sont immortels (laissés à eux-mêmes, ils conserveront toujours leur intégrité), d'autres ne le sont pas. Ces mortels sont "radioactifs" : un moment vient où ils se transforment en d'autres atomes, en émettant divers rayonnements. Ils changent alors de personnalité nucléaire et de costume chimique. Mais quelle est la nature des rayons que les corps radioactifs répandent dans l'espace ? Le problème avait tourné au casse-tête. D'autant que les rayonnements issus de la radioactivité ne sont

1. Elles ne cesseraient que lorsque son existence serait prouvée expérimentalement par Arthur Compton, en 1923.

pas directement perceptibles : invisibles, inaudibles, inodores, ils sont difficiles à étudier.

Pourtant, assez vite, il était apparu que certains de ces rayonnements sont porteurs d'une charge électrique positive et qu'ils sont très facilement arrêtés par la matière : on les appela les "rayons alpha". D'autres, plus pénétrants et chargés négativement, sont facilement déviés par un champ magnétique créé par un aimant : les "rayons bêta". D'autres, enfin, sont extrêmement pénétrants et un champ magnétique ne saurait les dévier (donc de charge électrique nulle) : les "rayons gamma". Mais d'où ces différents rayons tiraient-ils leur énergie ? D'eux-mêmes ou de l'extérieur ?

Le congrès fut l'occasion de débattre de tout cela, et avec passion. Avant de poser pied à l'hôtel Métropole, la plupart des scientifiques présents ne se connaissaient que de nom. Ce colloque était une grande première sur tous les plans : "Chacun de nous a une baignoire privée et des toilettes dans sa chambre, écrivit Arnold Sommerfeld à son épouse. Je prends un bain tous les matins. Nous sommes les invités de M. Solvay, y compris aux repas. Pas moins de cinq plats à chaque dîner ! C'est fou. [...] Hier soir, j'avais un Français à ma droite, un Anglais à ma gauche et je leur parlais tour à tour !" Ernest Solvay venait de créer une nouvelle manière de faire de la science : confortable, conviviale, internationale, peu soucieuse des considérations politiques.

À l'époque toutefois, nulle langue, comme l'anglais aujourd'hui, ne faisait office de *lingua franca* scientifique. Par chance, c'était le Néerlandais Hendrik Lorentz, immense physicien, spécialiste de l'électromagnétisme, qui présidait les réunions.

Polyglotte talentueux, habile diplomate, il traduisait à la volée et facilitait les échanges, passant de l'allemand au français, de l'anglais au néerlandais, et il invitait même le conférencier à clarifier son propos quand celui-ci devenait confus. Les théoriciens, eux, bénéficiaient d'une langue commune, les mathématiques : ils s'échangeaient des formules et parlaient des idiomes largement imprégnés d'équations.

Einstein avait déjà rencontré Ernest Solvay en juillet 1909, à Genève, lorsqu'ils avaient l'un et l'autre été proclamés docteurs *honoris causa* de l'université de Genève, à l'occasion de la célébration du trois cent cinquantième anniversaire de sa fondation par Calvin. Einstein avait failli manquer la cérémonie car il avait jeté au panier son invitation, colorée comme une publicité, libellée au nom de "M. Tinstein". Et c'est grâce à Solvay qu'il trouvait sa vraie patrie, celle des esprits frères, celle des équations et des concepts qui traduisent la réalité physique, celle aussi de la joie de penser dans toutes les langues, comme si les frontières n'existaient pas. C'est à Bruxelles, dans ce QG du cosmopolitisme scientifique naissant, qu'Einstein fit son entrée officielle et triomphale dans sa communauté de cœur, à l'âge de trente-deux ans !

Cinq des douze rapports qui furent présentés se référaient explicitement à ses travaux de 1905. Dès les premières discussions, Einstein fascina les membres du conseil par l'étendue de ses connaissances et la profondeur de ses analyses, tout en donnant l'impression de s'amuser, et même de jubiler. Ce congrès ressemble à un "sabbat de sorcières[1]",

1. Lettre d'Albert Einstein à Michele Besso datée du 21 octobre 1911, citée in *Correspondance avec Michele Besso (1903-1955)*, *op. cit.*, p. 20.

écrivit-il à Michele Besso. Des sorcières bienveillantes... qui rédigèrent en sa faveur les lettres de recommandation nécessaires à l'obtention du poste qu'il convoitait à Zurich.

C'est encore lors de ce congrès qu'il approfondit sa relation avec Max Planck. Bien que très différents l'un de l'autre, les deux physiciens se respectaient et s'admiraient.

J'ai réussi à convaincre Planck d'admettre bon nombre de mes idées, alors qu'il résistait depuis des années, écrivit Einstein. *C'est un homme d'une honnêteté foncière et qui pense à autrui avant de penser à soi. [...] Il est bloqué par quelques préjugés indubitablement erronés. Personne n'y voit clair. Il y aurait dans toute cette affaire de quoi ravir une compagnie de jésuites démoniaques*[1].

Il est difficile d'imaginer deux hommes ayant des attitudes plus dissemblables face à la vie : Einstein, peu attaché – et ce n'était encore qu'un début – à l'idée d'appartenance nationale, insensible aux mouvements émotionnels de la société dans laquelle il vivait ; Planck, profondément enraciné dans les traditions de la famille et de la nation, ardent patriote, fier de la grandeur de l'histoire allemande et consciencieusement prussien dans son attitude envers l'État. Mais ces différences ne comptaient guère au regard de ce qu'ils partageaient : la fascination pour "le sourire de marbre de la nature implacable" et un amour profond de la musique – Max Planck excellait au piano et avait composé plusieurs pièces. En

1. Lettre à Zangger, novembre 1911, cité *in* Banesh Hoffmann, *Albert Einstein, créateur et rebelle*, *op. cit.*, p. 109-110.

un certain sens, ils étaient les compatriotes d'un pays situé au-delà de l'histoire et de la géographie, celui du réel véritable et de ses lois les plus intimes.

L'ironie de l'histoire, aux allures de querelle des Anciens et des Modernes, c'est qu'Einstein avait pris l'hypothèse des *quanta* beaucoup plus au sérieux que Planck lui-même, qui ne les considérait que comme un artifice de calcul sans contrepartie physique ! Depuis le début, il croyait même dur comme fer en leur existence. Tandis que Planck n'aurait toujours pas changé de position un an et demi plus tard. Dans une lettre où il proposerait qu'Einstein soit élu à l'Académie royale des sciences de Prusse, on voit qu'il était toujours aussi rétif aux *quanta* qu'il avait lui-même inventés :

Au total, on peut dire que parmi les grands problèmes, si nombreux en physique moderne, on en trouverait difficilement un seul auquel Einstein n'eût pas apporté une contribution remarquable. Qu'il ait pu parfois manquer son but dans ses spéculations, comme dans sa théorie des quanta *lumineux, on ne saurait vraiment le lui reprocher. Dans la plus précise des sciences de la nature, en effet, toute innovation comporte un risque. […] Dans sa façon de traiter et d'étudier les théories classiques, même dans ses premières publications, aussi bien que dans la démonstration et la critique des hypothèses modernes, il doit être considéré comme un maître*[1].

Henri Poincaré, lui, était arrivé à Bruxelles sans s'être préalablement informé de la théorie des *quanta*,

1. Rapport rédigé à Berlin, du 12 juin 1913, cité *in* Ronald Clark, *Einstein, sa vie et son époque*, *op. cit.*, p. 194-195.

mais c'est avec une belle ardeur et un grand scepticisme qu'il prit part aux échanges. Un mois plus tard, il changerait d'avis après avoir démontré par un théorème très élégant que l'hypothèse des *quanta* était la seule qui pût conduire à la formule que Max Planck avait trouvée pour le spectre du corps noir, en parfait accord avec les mesures. Ce résultat se révélerait décisif, en ce qu'il convaincrait la plupart des physiciens que les *quanta* ne relevaient pas de la spéculation : ils allaient devoir les affronter sérieusement.

À l'hôtel Métropole, Einstein renforça aussi ses liens d'amitié avec Marie Curie, dont il admirait la vivacité et l'intelligence. De retour en France, elle fut violemment attaquée par une partie de la presse pour sa liaison présumée avec Paul Langevin, qui était séparé de son épouse : "l'étrangère", la "Polonaise", "la veuve adultère"... Comme si, aux antipodes de l'esprit qui venait de souffler à l'hôtel Métropole, la patrie n'était jamais que le sol, l'ancrage, les racines, l'"origine", irrémédiablement, définitivement. "Si cette racaille s'occupe encore de vous, cessez simplement de lire ces sottises. Laissez-les aux vipères pour qui elles ont été fabriquées", lui écrirait Einstein de Prague, le 23 novembre.

Trouver le moyen de tenir à distance la grossièreté et la médiocrité des réactions humaines, telle était en somme la devise personnelle d'Einstein. Il ne savait alors pas combien elle lui serait utile.

16

L'INVISIBLE DRAP ET LA BOULE DE PÉTANQUE

Deux droites parallèles s'aimaient. Hélas !

ALPHONSE ALLAIS

De retour à Prague, Einstein allait peu à peu saisir que la nouvelle théorie de la gravitation qu'il espérait construire à partir de son principe d'équivalence serait difficile à développer dans un espace-temps classique.

En reprenant l'histoire de la chute d'une pomme sur la tête de Newton, on comprend mieux pourquoi. Si notre Terre était plate, ce principe se déclinerait simplement : il autoriserait tout aussi bien à dire que la gravitation a fait tomber la pomme sur le crâne de l'Anglais qu'à dire que l'Anglais et la surface de la Terre ont été propulsés vers le haut par une accélération commune jusqu'à ce que le chef du savant entre en collision avec la pomme. Mais cette équivalence stricte entre gravitation et accélération ne va plus du tout de soi dans le cas d'une Terre ronde : deux personnes situées en des endroits différents de sa surface auront des poids respectifs dirigés vers le centre de la Terre, de sorte que, si elles tombaient en chute libre, elles suivraient des trajectoires non parallèles et leurs accélérations n'auraient pas la même direction. Mais alors comment traduire le principe d'équivalence ? A-t-il encore le moindre sens ?

À cette époque, Einstein ne maîtrisait guère les géométries dites "non-euclidiennes" (celles qui avaient recours à tous les postulats posés par Euclide dans les *Éléments*, sauf le postulat des parallèles[1]), mais il en discutait beaucoup avec l'un de ses collègues de l'Institut de physique, Georg Pick. Ce mathématicien autrichien, de surcroît remarquable violoniste, avait été l'assistant du grand Ernst Mach. Les deux hommes se voyaient souvent, au cours de longues promenades. Et c'est Georg Pick qui, selon Philippe Frank, suggéra à Einstein de s'intéresser aux géométries différentielles développées par les mathématiciens italiens Gregorio Ricci et Tullio Levi-Civita. L'idée fit son chemin, comme de bien entendu, jusqu'au jour où Einstein eut cette révélation : le principe d'équivalence ne pourrait-il pas mieux s'incarner au sein d'un espace-temps qui soit souple, tel du veau en gelée, capable d'onduler, de trembloter, de se déformer ? Une telle hypothèse ne permettrait-elle pas de donner corps à l'idée que la trajectoire de la lumière peut se courber sous l'effet de la gravitation ?

Pour mener à terme son travail, Einstein devait approfondir encore ses connaissances en géométries non euclidiennes. Et l'occasion lui en fut donnée en 1912, quand la chaire de physique théorique

1. L'énoncé de cet axiome est le suivant : "Par un point donné, on peut mener une et une seule parallèle à une droite donnée."

de l'Institut polytechnique de Zurich lui fut proposée. C'est dans cette ville que vivait son ami Marcel Grossmann, devenu expert en géométries non classiques – il avait passé en revue tous les traités publiés sur le sujet. Il pourrait l'aider, comme au bon vieux temps, quand ils étaient l'un et l'autre assis sur les bancs de l'Institut…

En octobre, Einstein et sa famille étaient de retour en Suisse, dans un appartement ensoleillé sur la colline du Zürichberg. Guidé par Marcel, Albert se mit à étudier d'arrache-pied la théorie des espaces courbes développée au milieu du XIXe siècle par le mathématicien allemand Bernhard Riemann, lequel n'avait jamais envisagé que la courbure de l'espace seul. Les deux amis généralisèrent les travaux du mathématicien à un espace-temps tout entier courbé. En 1913, ils rédigèrent à deux mains une "Esquisse d'une théorie générale de la relativité et de la gravitation[1]" dans laquelle ils avançaient l'idée que la gravitation n'est pas une véritable force, mais une manifestation locale de la courbure de l'espace-temps : la géométrie de l'univers, plate en relativité restreinte, se trouverait déformée, courbée par les masses qu'il contient et, en retour, cette géométrie piloterait directement le mouvement des objets matériels. Dans cette perspective, le mouvement de la Terre autour du Soleil ne résulterait plus de l'action instantanée de la force de gravitation invoquée par Newton, mais se trouverait guidé le long d'une trajectoire déterminée par la présence déformante du Soleil.

1. *The Collected Papers of Albert Einstein*, vol. 5, *op. cit.*, p. 302-343.

Cependant, les équations obtenues par les deux compères à l'issue d'un travail acharné étaient fausses. Einstein commit une petite erreur qui ne serait détectée que deux ans plus tard[1].

À cette époque, la cote d'Einstein ne cessait de croître, *urbi et orbi*. Un jour, il reçut la visite de Max Planck et de Walther Nernst, venus en qualité de "chasseurs de têtes" pour l'université de Berlin. Il se vit proposer tout à la fois une augmentation de salaire, la possibilité de mener ses recherches sans obligation d'enseignement et l'entrée à l'Académie des sciences de Prusse. Comme il ne voulait pas donner sa réponse sur-le-champ, les deux hommes eurent l'idée suivante : ils monteraient en funiculaire jusqu'au sommet du mont Rigi, qui domine Zurich, et, une fois redescendus, Einstein leur ferait connaître sa décision. Einstein les avertit que sa réponse serait immédiatement visible, grâce à un code fleuri assez peu conforme aux protocoles académiques : s'il portait une rose blanche, la réponse était négative ; si la rose était rouge, il acceptait l'offre de Berlin. À leur retour, Planck et Nernst furent soulagés de voir Einstein faisant les cent pas sur le quai, une belle rose rouge à la boutonnière. (Qui

1. Pour ceux qui souhaitent avoir quelques indications complémentaires, cette précision d'ordre technique : Einstein et Grossmann cherchèrent des équations différentielles généralisant l'équation de Poisson (qui est l'équation newtonienne pour le champ gravitationnel) en mettant en relation le tenseur métrique et ses dérivées jusqu'à l'ordre deux avec le tenseur énergie-impulsion représentant les sources du champ ; au début, ils s'orientèrent vers des solutions généralement covariantes, mais très vite Einstein en vint à se demander si l'exigence de covariance générale n'était pas trop ambitieuse ; un argument théorique, formulé par lui en 1913 – l'argument dit "du trou" – vint renforcer ses doutes, qui se révélèrent finalement non fondés.

sait si l'histoire de Thésée, rentrant à Athènes après avoir délivré Ariane, n'a pas inspiré Einstein...) Mais encore fallait-il que ladite proposition fût approuvée par l'Académie des sciences de Prusse (vingt et une voix pour, une voix contre), puis soumise au gouvernement allemand, et enfin à l'accord du Kaiser. Plusieurs mois s'écoulèrent avant qu'Einstein pût officiellement l'accepter, le 7 décembre 1913. Il était dans sa trente-quatrième année.

L'un de ses anciens camarades de l'Institut polytechnique, Louis Kollros, organisa en son honneur un dîner d'adieu. Einstein se disait heureux de pouvoir s'adonner "pleinement à la rumination", mais pas seulement... "Les gens de Berlin me prennent pour la poule aux œufs d'or, confia-t-il à l'oreille de Kollros. Mais moi je ne sais pas si je suis en mesure de pondre un autre œuf[1] ?" C'était là pécher grandement – par pessimisme et plus encore par humilité.

Berlin fut d'abord la ville qui scella la séparation d'Albert avec Mileva, qui détestait cette ville en particulier et l'Allemagne en général – autant qu'Albert avait pu détester ce pays dans sa jeunesse. Depuis quelque temps déjà, leur mariage n'avait du mariage que le nom. En juillet 1914, quelques mois après leur arrivée, elle était retournée vivre à Zurich, en emmenant leurs deux fils, au grand dam d'Albert. Et en février 1919, le divorce[2] serait prononcé pour "incompatibilité d'humeur".

1. Cité par Ronald Clark, *Einstein, sa vie et son époque*, *op. cit.*, p. 199-200.
2. C'est Michele Besso qui joua le rôle de médiateur. Les deux parties se mirent d'accord sur une proposition unique : l'argent

Berlin serait aussi la ville de son second mariage, en 1919, avec une femme qui n'aurait pas à changer de nom, et pour cause : Elsa Einstein était à la fois la fille d'un frère de son père et d'une sœur de sa mère, c'est-à-dire sa double cousine germaine. Enfants, ils s'étaient beaucoup fréquentés, puis perdus de vue, puis retrouvés au printemps 1912. Einstein s'installerait dans le vaste appartement de la Haberlandstrasse, où Elsa vivait avec ses deux grandes filles, Ilse et Margot, issues d'un premier mariage – son "harem" comme il se plaisait à les appeler. En un sens, Elsa était l'antiparticule de Mileva : gaie, coquette, elle ne connaissait rien à la science, et l'avouait sans retenue. Jusqu'à sa mort à Princeton, en 1936, elle serait la compagne d'Einstein et son accompagnatrice dévouée dans ses multiples périples.

Mais Berlin fut encore l'endroit où Einstein travailla de façon intense au problème de la gravitation. Durant plusieurs mois, il ne s'accorda aucun répit avant d'avoir trouvé les équations justes. Le 25 novembre 1915, il fut en mesure de les expliquer patiemment aux membres de l'Académie.

Pour les appréhender, imaginons un drap tendu au centre duquel on place une boule de pétanque. Si on secoue doucement ce drap, des creux et des bosses apparaissent à sa surface et se déplacent en faisant des vagues, et ces déformations obligent la boule à se déplacer. C'est en somme la forme que prend la surface du drap qui dicte à la boule son parcours. Mais

du prix Nobel (qu'Einstein n'avait pas encore reçu !) serait destiné à subvenir aux besoins de Mileva et des deux garçons. La jeune femme croyait comme au premier jour que les travaux de son mari seraient finalement reconnus et distingués.

la boule n'est pas un objet passif puisque sa masse et son mouvement modifient eux aussi la forme du drap. Par sa seule présence, elle perturberait par exemple la trajectoire d'une balle de ping-pong lancée en ligne droite sur le drap, au même titre que si quelqu'un le secouait. Qu'adviendrait-il si le drap était invisible et immobile ? On pourrait alors imaginer, comme le fit Newton, qu'une force mystérieuse s'exerce instantanément, qui attire à distance la balle de ping-pong vers la boule de pétanque. Einstein, lui, renverse radicalement le point de vue : il attribue la courbe décrite par la balle de ping-pong à la seule déformation du drap invisible, dont tout changement de géométrie, induit par la présence d'un autre corps sur le drap, se manifesterait avec un certain retard. En résumé, selon la théorie d'Einstein, la gravitation agissant sur un corps n'est qu'un effet de la déformation de la géométrie de l'espace-temps à l'endroit où se trouve ce corps : la courbure de l'espace-temps met en mouvement ce corps, qui, lui, en retour, déforme la géométrie de l'espace-temps.

Un siècle plus tard, avons-nous réellement pris acte de cette révolution ? Je fais tomber un verre à mes pieds. Au lieu de répéter que c'est la Terre qui l'attire vers le sol, ainsi que je l'ai appris à l'école, je devrais plutôt considérer que la Terre tord l'espace en son voisinage et fait glisser ce verre le long d'une sorte de toboggan de l'espace-temps. La gravité est comme gravée dans la structure même de l'univers : l'espace-temps y est courbe, même aux endroits où il n'y a nulle matière.

Einstein publia sa théorie à la toute fin de l'année 1915 dans une relative indifférence. Elle n'intéressa guère que quelques-uns de ses compatriotes physiciens. Cette année-là et pendant celles qui suivirent, la gravité était d'une autre teneur, une teneur poussée à son paroxysme dans la guerre, avec son cortège de souffrances et d'horreurs.

L'année suivante, en 1916, Einstein tomba malade. Épuisé par des années de travail intense, des douleurs à l'estomac, il perdit près de vingt kilos en quelques mois. C'est à ce moment-là qu'il commença à se demander si une masse en mouvement, qu'on accélère, pouvait rayonner des "ondes gravitationnelles", de la même façon qu'une charge électrique qu'on accélère rayonne des ondes électromagnétiques. Toujours ce besoin d'unifier les phénomènes, de les ranger sous la même coupe théorique, la plus harmonieuse possible. Il découvrit rapidement des solutions de ses équations correspondant à des ondulations de l'espace-temps se propageant à la vitesse de la lumière. Au cours de leur voyage, elles devraient secouer l'espace-temps, et modifier ainsi, brièvement, la distance séparant deux points dans l'espace. Mais de telles ondes existent-elles vraiment ?

Il faudrait attendre la fin du carnage mondial pour que la prédiction d'Einstein sur la déviation de la lumière au voisinage du Soleil pût être vérifiée grâce à une éclipse totale du Soleil. Lors de la conférence du 25 novembre 1915 à l'Académie des sciences de Prusse, Einstein avait annoncé que cette déviation devait être près de deux fois plus grande (1,75 seconde d'arc) que la valeur qu'il avait annoncée en 1911 et que Freundlich avait cherché à mesurer en août 1914.

Passionné par les travaux d'Einstein, le directeur de l'observatoire de Cambridge, Arthur Eddington, organisa deux expéditions en vue d'observer l'éclipse totale prévue le 29 mai 1919. Eddington partit avec une première équipe pour Sao Tomé-et-Principe, une petite île de l'Atlantique sud proche de l'équateur, tandis qu'une seconde équipe s'installait au Brésil, dans la ville de Sobral. Leur mission ? Observer la position de l'amas des Pléiades, étoiles fixes, pendant l'éclipse : d'après la théorie d'Einstein, si, pour un observateur sur Terre, les Pléiades sont proches du bord du Soleil, leur position apparente devrait être décalée par rapport à leur position habituelle. En effet, la lumière que nous recevons d'elles serait momentanément déviée par la courbure de l'espace-temps induite par la présence du Soleil.

Les mesures, qui furent effectuées malgré une météo peu coopérative et des plaques photographiques de mauvaise qualité, confirmèrent les (bons) calculs d'Einstein. Le 22 septembre 1919, Hendrik Lorentz envoya un télégramme à Einstein pour l'informer que la courbure de la lumière avait été effectivement observée : "Les mesures préliminaires sont entre 0,9 seconde d'arc et le double !" Le précieux courrier lui fut transmis alors qu'il donnait cours. Einstein le lut silencieusement, puis à voix haute. L'assistance éclata en applaudissements. Il avait vu juste : la lumière ne se propage pas en ligne droite du fait de la courbure de l'espace-temps ! Einstein, lui, n'était nullement surpris[1], et il célébra le succès

1. Quelque trente ans plus tard, à la mort de Max Planck, il déclarerait, après avoir loué les mérites de son aîné : "Pendant l'éclipse de 1919, Planck est resté debout toute la nuit pour voir si elle allait confirmer la déviation de la lumière dans le champ gravitationnel du Soleil. S'il avait vraiment compris la théorie de la relativité générale, il serait allé se coucher comme moi" (cité

de ses équations en s'achetant un nouveau violon. Cinq jours plus tard, il écrivit une carte postale à sa mère pour lui faire part – en une seule phrase ! – du résultat des mesures, en prenant soin de préciser les valeurs de la déviation obtenues par les deux équipes.

L'annonce officielle des mesures obtenues par les équipes d'Eddington fut prononcée devant les membres de la Royal Astronomical Society, solennellement rassemblés dans la grande salle de Burlington House, à Londres, le 6 novembre 1919. À partir de ce jour-là, la relativité générale se répandit comme une traînée de poudre à la surface du globe. Le résultat fit la une des journaux, déclenchant un enthousiasme sans précédent (sauf en France, où la presse était quasiment paralysée par une grève…). Einstein sortait de la condition humaine ordinaire ; il était le découvreur d'une clé de l'univers : "Révolution dans la science, les idées de Newton éclipsées *[sic]* : le concept scientifique du tissu de l'univers doit être changé" *(The Times)* ; "Albert Einstein, une nouvelle grande figure de l'histoire mondiale" *(Berliner Illustrierte Zeitung)*. Le *New York Times* n'ayant pas de correspondant scientifique à Londres, il annonça la nouvelle deux jours plus tard, sous un titre étonnant, proposé par Henry Crouch, un journaliste sportif spécialisé dans le… golf :

La lumière du ciel est de guingois
Hommes de science en émoi
À propos des résultats des observations de l'éclipse
TRIOMPHE DE LA THÉORIE D'EINSTEIN

par Jean-Claude Boudenot, *Comment Einstein a changé le monde*, EDP Sciences, Les Ulis, 2005, p. 116).

Les étoiles ne sont pas où elles semblent être
ni dans la position indiquée par les calculs,
mais nul ne doit s'inquiéter.

Les résultats d'Eddington étaient aussi interprétés comme le symbole de la paix tout juste retrouvée : moins d'un an après la Première Guerre mondiale, un savant britannique ne venait-il pas de prouver la justesse de la théorie d'un physicien allemand qui venait, lui, de détrôner la théorie du plus grand physicien anglais ? La science pouvait-elle triompher des aberrations de la politique ? Et abolir la guerre entre les peuples, une bonne fois pour toutes ?

En quelques heures, Einstein bascula dans un autre monde, turbulent, vaste, agité, un monde si éloigné de l'académie Olympia, du contexte stable de Berne et des tranquilles randonnées en montagne. Il parcourut des dizaines de milliers de kilomètres, en train ou en bateau, parfois en zigzaguant, pour aller "siffler son air de la relativité", comme il disait : Norvège, Pays-Bas, Angleterre, Espagne, France, Moyen-Orient, Japon, Ceylan, États-Unis, Chine… À cette époque, qui pouvait prétendre avoir autant sillonné la planète ? Stefan Zweig, peut-être.

Partout, on acclamait le physicien. En Angleterre, il était "le plus grand Juif depuis Jésus" ; en Palestine, "un saint juif" ; en Autriche, il mettait les foules "dans un étrange état de ferveur[1]". La publicité extraordinaire qu'a connue la théorie de

1. Ces citations sont extraites du livre de Jürgen Neffe, *Einstein : A Biography*, traduction de Shelley Frisch, Farrar, Straus, and Giroux, New York, 2005, p. 310.

la relativité générale au moment où l'une de ses prédictions fut vérifiée constitua un phénomène colossal, culturel autant qu'historique, qui débordait largement le champ scientifique.

Depuis le déluge d'articles de journaux, se plaignit-il un jour à un ami, *je suis submergé de tant de questions, d'invitations et de demandes que j'en rêve la nuit : je grille en enfer, et le diable, sous les traits d'un facteur, rugit en me jetant à la tête un nouveau paquet de lettres alors que je n'ai pas encore répondu au précédent*[1].

À partir de ce moment-là, Einstein se sentirait périodiquement arraché de son merveilleux pays intérieur, pour se retrouver enfermé dans celui des hommes : auréolé de gloire, mais sollicité sans cesse, réclamé de toutes parts, en somme vampirisé.

Coïncidence étrange, confinant à la synchronicité : au moment où j'écris ces lignes, en ce 11 février 2016, Einstein fait à nouveau la une des journaux, dans le monde entier : la première détection d'ondes gravitationnelles vient d'être officiellement annoncée, un siècle exactement après leur prédiction par Einstein ! La prouesse réalisée par les expérimentateurs de la collaboration américaine LIGO l'aurait sidéré, lui qui ne croyait pas que de

1. Lettre du 2 février 1920 adressée à Ludwig Hopf, *in* Carl Seelig, *Albert Einstein, eine dokumentärische Biographie*, Europa Verlag, Zurich, 1954, p. 196.

telles ondes, si discrètes[1], pussent être un jour détectées. Pour saisir leur passage, il est vain d'utiliser une règle matérielle, si précise soit-elle : les ondes la déformeraient, et elle ne pourrait mesurer aucun effet. Il convient d'utiliser une règle qui ne s'étire ni ne se contracte, c'est-à-dire... la lumière, toujours la lumière[2] ! Quelle ironie ! Einstein n'a jamais vraiment cru en l'existence des trous noirs, alors même que leur existence n'est pensable que dans le cadre de sa théorie de la gravitation[3]. Or, ce sont bien deux tels objets qui, en s'accouplant jusqu'à n'en plus faire qu'un, ont émis des ondes gravitationnelles suffisamment intenses pour être détectables sur Terre[4].

1. Les variations de longueur que cet instrument est parvenu à détecter sont de l'ordre de 10^{-19} mètre, c'est-à-dire largement inférieures à la taille d'un proton (qui vaut 10^{-15} mètre).
2. La vitesse de la lumière étant invariante, si l'espace entre deux points se dilate, la lumière mettra plus de temps à parcourir la distance qui les sépare. Si au contraire l'espace se contracte, il lui faudra moins de temps. C'est donc grâce à un faisceau de lumière laser séparé en deux faisceaux, envoyés dans deux directions perpendiculaires puis recombinés l'un à l'autre, qu'une détection a pu être faite : les interférences des deux faisceaux se trouvent modifiées dès qu'une onde gravitationnelle vient allonger ou raccourcir la distance parcourue par chacun d'eux.
3. Einstein a toujours éprouvé une sorte d'aversion émotionnelle envers les trous noirs. En 1939, dans un article paru dans la revue américaine *Annals of Mathematics*, il expliqua, en prenant l'exemple très artificiel d'un trou noir statique qui avait le défaut de conduire à un dépassement de la vitesse de la lumière pour les particules situées à l'extérieur, qu'"ils ne pouvaient pas exister dans la réalité physique".
4. Le soir même de la conférence de presse de la collaboration LIGO, mon ami Jacques Perry-Salkow m'envoyait un message résumant tout cela mieux qu'un traité de physique théorique : *Ondes gravitationnelles* a pour anagramme *Le vent d'orages lointains*.

Éclipse du Soleil de 1919, ondes gravitationnelles de 2016, et Einstein en photo sur toutes les couvertures, par-delà l'espace, par-delà le temps : duplication historique, résonances entre ce qui a eu lieu et ce qui a lieu, juxtaposition des événements passés, présents ou futurs dans une sorte d'"univers-bloc", où ils auraient exactement le même degré de réalité. Les événements dits "présents" seraient comme tous les autres, à ceci près qu'ils se produiraient là où nous sommes dans l'espace-temps. En définitive ce serait notre présence, et seulement elle, qui déterminerait ce que nous appelons le présent…

Cette sorte de court-circuit temporel se produisit à la faveur de la une du *Monde* du 13 février 2016 : "Einstein avait raison". Le titre était accompagné de la photo la plus célèbre d'Einstein, celle où on le voit, âgé, tirant la langue aux journalistes venus le traquer à la sortie d'un restaurant de Princeton, comme pour signifier : "Je vous l'avais bien dit."

Le même jour, le même journal annonçait que les Rolling Stones, en tournée en Amérique du Sud, avaient donné la veille un concert à Buenos Aires. Dans mon crâne, la juxtaposition de ces deux événements fit tilt : sur le mur de ma chambre d'adolescent, à côté des deux portraits d'Einstein, j'avais accroché le logo le plus iconique de l'histoire du rock – une langue tirée entre deux grosses lèvres, écho épuré de la bouche lippue de Mick Jagger.

Même si cela procédait d'une rétroprojection absurde, j'eus soudain la conviction qu'Einstein eût été beaucoup plus Rolling Stones que Beatles : il appartenait à l'évidence à la patrie des rebelles, à la petite nation de ceux qui tirent la langue.

17

L'EXIL AVANT L'EXIL

Pourquoi y en a-t-il tant parmi ceux
qui passent chez moi
Qui piquent directement au nord
Et qui, à peine dans la solitude,
Obliquent brusquement à l'ouest.

BLAISE CENDRARS

À l'automne 1930, Einstein accepta l'invitation du physicien Robert Millikan, alors directeur de l'Institut de technologie de Californie, à venir donner une série de conférences à Pasadena. Accompagné d'Elsa, il quitta Berlin le 30 novembre sous le feu des médias. Le couple rejoignit Liège en train de nuit pour passer la journée suivante avec César, l'oncle chéri d'Albert, qui venait d'y emménager. Puis le couple gagna Anvers, loua une chambre dans le luxueux hôtel Century, en fait deux, car Elsa ne supportait pas les ronflements de son mari.

Le 2 décembre, ils montaient à bord du *Belgenland* de la compagnie Red Star Line, un long vapeur blanc et noir de vingt-sept mille tonnes, doté de trois grosses cheminées crachant de sombres fumées. Helen Dukas, la secrétaire d'Einstein depuis deux ans[1], et Walther Mayer, son assistant, étaient du voyage. Le *Völkischer Beobachter*, l'organe de presse du parti national-socialiste, ne rata pas l'occasion de dénoncer le manque de patriotisme d'Einstein au motif qu'il avait choisi un paquebot belge plutôt qu'allemand.

La Red Star Line n'existe plus depuis 1934, mais je profitai de mon séjour belge pour visiter son musée, installé sur l'un des quais du port d'Anvers, non loin de l'endroit où embarquaient les passagers, en longue file indienne. Il est consacré au traitement puis au transport des migrants, pauvres et riches venus des quatre coins de l'Europe pour rallier le Nouveau Monde sur un bateau de la compagnie, durant les trois premières décennies du siècle dernier. Photos de l'exil qui a commencé, de l'inspection médicale des corps, des douches obligatoires et de la désinfection des vêtements, de l'attente, parfois interminable, de la détresse et de l'espérance. Photos du lieu de l'absence de lieu, figées une fois pour toutes dans l'évidence trompeuse de leur noir et blanc. Sous leur tranquillité fictive, comment saisir ce qui n'est pas montré, ce qui n'a pas été photographié, restauré, mis en scène ? Me frappa la ressemblance de ces femmes et ces hommes avec les réfugiés syriens, libyens ou afghans qui fuient aujourd'hui la misère, les guerres et les persécutions. Tous ces êtres au bord du monde… Le temps a beau s'écouler irréversiblement, l'histoire s'évertue à repasser certains plats.

1. Helen Dukas restera au service d'Einstein pendant trois décennies et deviendra son exécutrice testamentaire.

Une vitrine a été consacrée à Einstein, qui m'apprit que la traversée de l'Atlantique avait été particulièrement mouvementée : une grosse houle, des embruns, des paquets d'eau à l'avant du *Belgenland*. Tout le monde avait le mal de mer, sauf lui. Habitué à naviguer, amoureux de l'océan, “cette patrie qui voyage avec nous”, comme a dit Chateaubriand, il était dans son élément : “Météo très agitée, avec de très fortes rafales de vent. À cause des accélérations brutales qui secouent le bateau, mon poids varie d'un facteur deux ou trois. New York est sinistrement proche. Dukas ressemble à un cadavre en vacances[1]”, nota-t-il en date du 9 décembre 1930.

Une accélération qui change le poids… Manifestement, le principe d'équivalence continuait de travailler Einstein. Chaque jour, imperturbablement, il remplissait la corbeille à papier de brouillons de calculs qui ne semblaient pas le satisfaire. Il était tout à son obsession : peaufiner la théorie unifiée dont il avait posé les premières bases un an plus tôt[2]. Et des marins montaient la garde devant la porte de sa cabine pour que personne ne vînt le déranger.

Mais pourquoi diable vouloir unifier les interactions fondamentales ? Pour tout dire, c'est une vieille affaire. Depuis le XVIIe siècle, ceux que l'histoire considère comme de grands physiciens ont tous été à l'origine d'unifications qui ont changé le visage et la puissance de la physique. Ce fut Galilée (toujours lui !) réconciliant les mondes sublunaire et

1. Cette citation se trouve dans le guide du musée de la Red Star Line à Anvers (éditions Ludion, Anvers, p. 95).
2. Il l'avait fait savoir publiquement en publiant un article dans le *New York Times*, le 3 février 1929.

supra-lunaire après que sa lunette lui eut dévoilé les montagnes et les vallées de la Lune ; ce fut Newton décrivant à l'aide d'une théorie unique les mouvements terrestres et célestes ; ce fut Maxwell unifiant l'électricité et le magnétisme ; ce fut Fraunhofer démontrant que les lois physiques découvertes sur terre valent aussi pour les objets stellaires ; ce fut Einstein lui-même nouant l'espace au temps, la masse à l'énergie, la gravitation à l'accélération. Même s'il est difficile de prétendre que, par principe, notre esprit éprouverait spontanément qu'il est fait pour l'unité et que l'acte de connaître serait incontestablement habité par une tendance moniste, le désir d'intelligibilité, lui, ne peut sans doute pas se passer de l'idée du *un*. Il ne suffit évidemment pas d'inscrire pareille tendance dans la nature humaine pour en valider les réalisations : l'unité proclamée peut très bien se révéler fausse, exercer une fascination toute dogmatique, procéder de l'incantation, du simple décret ou du pur fantasme. Reste que si la pensée parvenait à découvrir dans les miroirs changeants des phénomènes des relations éternelles qui les puissent résumer, on pourrait certainement parler d'un bonheur de l'esprit. L'unité correspond à une nostalgie tenace, à un appétit d'absolu, à une impatience ontologique que la diversité en apparence irréductible du monde semble toujours contredire. La quête d'Einstein s'alimentait de ce divorce entre l'esprit qui désire l'unité et une réalité qui ne la montre guère.

À cette époque, les forces nucléaires n'étaient pas encore identifiées, encore moins décrites. Einstein cherchait donc à décrire dans un formalisme unique les deux seules forces connues alors, la gravitation et l'interaction électromagnétique. Il s'était persuadé qu'elles étaient étroitement liées : "Les ondes lumineuses, les ondes radio et la gravitation se déplacent toutes à la vitesse de la lumière. Je crois donc qu'en dernière analyse, on ne peut pas séparer ces divers phénomènes[1]."

En résumé, ce qu'il cherchait, c'était une formule totalisante qui expliquerait en un seul souffle la chute des corps, l'éclat du diamant, l'instabilité du radium, la transmission de la lumière et des ondes radio, et même la composition de la matière. Avant son départ, un journaliste à l'imagination débordante lui avait fait remarquer que cela ouvrirait des perspectives alléchantes pour les agences de voyages : "Puisqu'on sait aujourd'hui réaliser des blindages protégeant des champs électromagnétiques, si la gravitation et l'électromagnétisme sont en fait de même nature, alors on devrait pouvoir aussi construire des blindages contre la gravitation. Des avions sans moteur pourront traverser le ciel, des gens pourront enjamber les fenêtres des gratte-ciel sans s'écraser au sol, et un voyage sur la Lune deviendrait théoriquement possible[2]."

Optimiste, Einstein pensait que la vérification expérimentale de certains aspects de sa théorie était imminente. Il espérait que "les expériences se rallieraient sans tarder au drapeau mathématique[3]". La suite de l'histoire ne lui procura pas cette joie, et

1. M. K. Wisehart, "A Close Look at the World's Greatest Thinker", *American*, juin 1930.
2. "Einstein's Latest Theory", *Popular Mechanics*, avril 1929, p. 536-539.
3. "A Unified Field Theory : Electromagnetism and Gravitation", *The Times*, Londres, 25 mai 1931.

suscita l'ironie de son fils spirituel, Wolfgang Pauli, pour qui l'homme ne pouvait rassembler ce que la main de Dieu a dispersé : "Einstein n'est jamais à court de créativité et l'énergie farouche qu'il met à chercher une théorie unifiée nous vaut d'avoir droit à une nouvelle théorie par an, en moyenne. [...] D'un point de vue psychologique, il est intéressant de constater que la théorie en cours nous est toujours présentée comme la « solution définitive » par son auteur[1]."

De fait, Einstein s'enferrait peu à peu dans les mathématiques, commençait à perdre le contact avec le réel physique et tournait autour de son sujet sans en trouver l'entrée, tel Josué devant Jéricho si les trompettes des sacrificateurs eussent été bouchées[2].

Sans doute, aussi, n'était-il plus en phase avec la nouvelle génération, celle des physiciens nés après

1. Cité par Abraham Pais, *Subtle Is the Lord, op. cit.*, p. 347.
2. Einstein privilégia deux angles d'attaque. Il fut d'abord attiré par l'idée de Theodor Kaluza, publiée en 1921 et approfondie par Oscar Klein : l'écriture des équations de la relativité générale dans un espace-temps à cinq dimensions (au lieu de quatre) permet d'obtenir, après projection sur des espaces plus restreints (de une et quatre dimensions), d'une part, les équations habituelles de la relativité générale, d'autre part, les équations de Maxwell pour l'électromagnétisme. La description d'une force unique dans un espace-temps à cinq dimensions semble donc équivalente à celle de deux interactions dans un espace-temps à quatre dimensions. Mais dans les années 1940, Einstein se détourna de ce modèle pour envisager la possibilité que la métrique de l'espace-temps ne soit pas symétrique. Cette piste, qu'il explorera jusqu'à ses derniers jours, se révélera stérile (pour en savoir plus, voir Steven Weinberg, "Einstein et la quête de l'unification", *in* Andrew Robinson, *Albert Einstein, Un siècle de relativité*, Place des Victoires, Paris, 2015, p. 102-108).

1900, les Werner Heisenberg, Paul Dirac, George Gamow et, bien sûr, Wolfgang Pauli. Ils étaient les poissons dans l'eau de la toute nouvelle mécanique quantique, quand lui avait tant de mal à l'accepter et quand bien même il en était l'un des pères fondateurs – c'est lui qui avait donné corps à l'hypothèse des *quanta* de lumière. Il considérait que le formalisme quantique, en l'état, ne décrivait pas la totalité du réel. Était-il en passe de s'exiler hors de la physique, sa patrie ? Ou était-ce au contraire la physique qui, changeant de tournure, s'éloignait de ce qu'elle devrait être, perdait le contact avec les choses ?

En 1927, déjà, lors du cinquième congrès Solvay, il avait livré un débat homérique avec Niels Bohr à ce sujet : pouvons-nous connaître le réel tel qu'il est indépendamment de nous, ou sommes-nous toujours enfermés dans notre interaction avec lui ? Qu'est-ce que la théorie quantique, qui prédit de façon si parfaitement juste les résultats de mesures qu'on peut effectuer sur des systèmes microscopiques, nous permet de dire de la réalité ? Einstein défendait l'idée qu'une théorie physique ne doit pas être jugée à l'aune de sa seule efficacité opératoire : elle doit également nous révéler comment sont les choses, dépeindre les structures intimes du réel, tel qu'il existe indépendamment de nous. Or, selon lui, la physique quantique n'y parvenait pas : connaissant l'état d'un système physique, elle ne permet généralement pas de prédire le résultat d'une mesure faite sur lui, mais seulement de calculer les probabilités d'obtenir tel ou tel résultat ; parmi tous les résultats possibles *a priori*, un seul est sélectionné, *au hasard*, par l'opération de mesure. Pourtant, une bonne théorie physique se doit d'éliminer le hasard, sinon de ses constructions, du moins de ses principes, pensait Einstein. Dès lors que la physique quantique faisait explicitement appel à lui, c'était le signe qu'elle ne nous indique pas tout ce que nous sommes en droit de savoir sur la réalité physique[1]. Entre la physique quantique et l'inventeur des photons l'écart se creusait. Et c'est elle qui le marginalisait.

Einstein travaillait d'arrache-pied tout en s'accordant quelques moments de répit. Le soir de Noël, il fit l'effort gigantesque de glisser l'intégralité de son corps moins la tête dans un *tuxedo* pour le dîner de réveillon – lui qui n'aimait guère offrir à ses costumes les joies du pressing. Après le festin, il joua du violon sur scène avec l'orchestre du paquebot au grand complet.

Le *Belgenland* poursuivait sa route. New York, La Havane, San Diego, Los Angeles… De l'autre côté de l'Atlantique, le père des deux théories de la relativité était une étoile absolue, et, à chaque escale, une foule considérable l'attendait.

Durant son séjour à Pasadena, il visita le télescope Hooker, alors le plus grand du monde. Placé au sommet du mont Wilson, à mille sept cent quarante-deux mètres d'altitude, il avait capté de nouveaux signaux qui prouvaient que la gravitation

1. Niels Bohr, lui, répugnait à considérer qu'il existât une réalité indépendante des appareils de mesure permettant de la cerner : le mieux qu'une théorie physique puisse faire, disait-il, c'est seulement décrire les phénomènes en incluant dans leur définition le contexte expérimental qui permet de les mettre en évidence. La physique quantique remplissant parfaitement ce rôle, il considérait qu'il ne lui manquait rien – son formalisme était donc complet.

qu'engendrent les étoiles dévie la lumière. Einstein y rencontra des astronomes, notamment Edwin Hubble, et finit par se convaincre que, contrairement à ce qu'il avait toujours pensé, l'univers n'était pas statique, mais en expansion. Edwin Hubble avait effectué des mesures qui semblaient démontrer que les galaxies s'éloignent les unes des autres à une vitesse d'autant plus élevée que leur distance est grande. En réalité, ce ne sont pas les galaxies qui se déplacent dans l'espace en se fuyant les unes les autres, mais l'espace lui-même qui s'étend, se dilate, emportant avec lui les galaxies. Si nous pouvions dérouler à l'envers le film cosmique, nous verrions alors que dans son passé lointain l'univers était bien plus petit et bien plus dense qu'aujourd'hui. L'idée d'un big bang se profilait là, dans ce rétrécissement progressif de la taille du cosmos.

En fait, elle était déjà dans l'air, depuis plusieurs années. Dans un article publié en 1922, "Sur la courbure de l'espace[1]", Alexandre Friedmann avait démontré que les équations de la relativité générale d'Einstein admettent toutes sortes de solutions correspondant à des univers qui ne sont pas statiques : l'espace qu'ils renferment varie en fonction du temps qui passe, ce qui laissait entrevoir son possible commencement dans une singularité. Ce travail ouvrit les esprits à l'idée que la conception einsteinienne de la gravitation autorisait l'existence d'univers instationnaires, c'est-à-dire ayant une histoire. Donc peut-être une origine ? Et puis, bien sûr, il y eut l'abbé Georges Lemaître, qui fut le premier

1. Alexandre Friedmann, "Sur la courbure de l'espace", *Zeitschrift für Physik*, vol. 10, 1922, p. 377-386.

à suggérer, en 1927, l'hypothèse d'un univers "de rayon croissant[1]", c'est-à-dire en expansion, afin de rendre compte des observations d'Edwin Hubble. Puis, au tout début des années 1930, il énonça son hypothèse dite de "l'atome primitif[2]", selon laquelle, dans son passé le plus lointain, l'univers aurait été condensé en une sorte de gros atome qui aurait ensuite subi des fractionnements successifs. Cette préfiguration de l'idée de big bang laissa, sur le moment, ses collègues plutôt sceptiques. Einstein lui reprochait d'avoir été inspirée par le dogme judéo-chrétien de la création et d'être en outre totalement injustifiée du point de vue physique. Que l'univers eût pu évoluer allait à l'encontre de son idée d'un réel stable, régi par des lois éternelles. Sa propre théorie laissait pourtant entrevoir une possible évolution des dimensions de l'univers, mais les modèles d'univers auxquels il accordait du crédit étaient rigoureusement statiques. Pour garantir la fixité de l'univers, qui selon lui allait de soi, il avait même introduit en 1917 un paramètre supplémentaire dans ses équations de relativité générale, la "constante cosmologique", qui correspond à une répulsion de l'espace vis-à-vis de lui-même. Si la valeur attribuée à cette constante est bien ajustée, la force qui lui est associée vient compenser exactement les effets contractants de la gravitation et impose ainsi une taille invariable à l'univers. Pourtant, en 1931,

1. Georges Lemaître, "Un univers homogène de masse constante et de rayon croissant, rendant compte de la vitesse radiale des nébuleuses extragalactiques", *Annales de la Société scientifique de Bruxelles*, série A, vol. 47, avril 1927, p. 29-39.
2. Georges Lemaître, "L'origine du monde du point de vue de la théorie quantique", *Nature*, vol. 127, 9 mai 1931, p. 706.

Einstein publia un article devenu célèbre[1], dans lequel il reconnaissait que les observations établissaient sans conteste possible que l'univers est en expansion. Au passage, il y déplorait sa bévue : il avait introduit la constante cosmologique pour des raisons certainement scientifiques, mais qu'on pourrait tout aussi bien qualifier de métaphysiques[2].

Arthur Eddington fit remarquer que l'univers étant en expansion continuelle, il deviendrait un jour trop grand pour un dictateur, puisque des ordres, même envoyés dans l'espace à la vitesse de la lumière, n'atteindraient pas à temps ses points les plus éloignés. Le pouvoir n'aurait bientôt plus le bras assez long pour être tyrannique à distance.

Malheureusement, sur Terre, les nations n'ont pas les dimensions requises pour que cet argument soit valable : nulle n'est protégée, par la seule étendue de son territoire, contre la violence qu'un pouvoir tenterait de lui imposer.

L'Allemagne était en passe d'en devenir la meilleure preuve.

Einstein et Hitler étaient deux hommes radicalement incompatibles, appartenant à deux galaxies antipodiques. Dès que le second accéda au pouvoir, le premier décida de renoncer pour la seconde fois à la nationalité allemande. La patrie d'Einstein, si elle

1. Albert Einstein, "Zum kosmologischen Problem der allgemeinen Relativitätstheorie", *Sitzungsber. Preuss. Akad. Wiss.*, n° 42, 1931, p. 235-237.
2. Voir Alexandre Friedmann, Georges Lemaître, *Essais de cosmologie*, précédé de *L'Invention du Big Bang* par Jean-Pierre Luminet, Seuil, "Sources du Savoir", Paris, 1997.

existe, ne saurait être qu'une terre de liberté. Cela, il le savait depuis toujours, mais, dès la fin de 1932, il comprit qu'il n'aurait d'autre choix que de quitter son pays natal.

Cette année-là, Albert et Elsa retournèrent aux États-Unis à bord du steamer *Oakland* pour une nouvelle tournée de conférences. Au moment de quitter leur appartement de la Haberlandstrasse, valises à la main, ils eurent un pressentiment : jamais plus ils n'y remettraient les pieds.

Outre-Atlantique, l'étoile absolue avait aussi quelques ennemis. Un petit groupe de femmes américaines très militantes s'activa pour que les Einstein n'obtiennent pas de visa. Elles entendaient protester contre la venue de ce savant "pacifiste et communiste" qui menaçait les institutions de leur pays. Mrs Randolph Frothingham, la présidente de cette "Ligue des femmes patriotes" qui avait conduit une campagne contre le droit de vote des femmes, avait pris le temps de rédiger un texte de seize pages expliquant la dangerosité du personnage. "Sa théorie de la relativité, maintes fois révisée, n'a pas davantage d'intérêt pratique, se moquait-elle, que la réponse à la vieille devinette : « Combien d'anges peuvent tenir sur une tête d'épingle si les anges n'occupent aucun espace ? »" Elle ajoutait que les idées dudit scientifique sur les lois de la nature menaçaient la religion, que son refus de toute forme d'autorité, excepté la sienne, était inacceptable et que son incapacité à bien parler l'anglais signait son évidente inadaptation aux valeurs américaines.

La première réaction d'Einstein fut de partir dans un grand éclat de rire. Il la compléta par cette réponse bien sentie : "C'est bien la première fois que je suis ainsi repoussé par le beau sexe. Du moins n'avais-je jamais eu à affronter le rejet d'un aussi grand nombre de femmes à la fois. Mais n'ont-elles point raison, ces vigilantes citoyennes, de fermer leur porte à un homme qui dévore les coriaces capitalistes avec le même appétit et le même plaisir que le Minotaure avalant jadis de tendres vierges grecques ? D'autant qu'il pousse en outre la malice jusqu'à refuser toute espèce de guerre, sauf, bien entendu, celle, inévitable, avec sa propre épouse ? Bravo, Américains, écoutez bien vos petites patriotes en jupons, si avisées, et n'oubliez pas que le Capitole de la puissante Rome fut lui aussi un jour sauvé par le caquetage de ses oies les plus fidèles[1]."

Dès l'arrivée de l'*Oakland* en Californie, le 9 janvier 1933, Einstein accorda une interview à même le quai. Ce n'est pas de ces femmes ardentes qu'il voulait parler, mais d'Hitler. Il expliqua aux journalistes que cet individu médiocre jouait sur les émotions et les préjugés de la population, et que le nazisme mettait en péril la civilisation.

En Allemagne, le rythme des événements s'accéléra dramatiquement, justifiant ses craintes : le 30 janvier, Hitler accédait au poste de chancelier ; un mois plus tard, après l'incendie du Reichstag, il suspendait la Constitution, proclamait la loi martiale et incitait ses troupes à se livrer au chantage, au pillage, à la violence et aux assassinats ; la semaine suivante, le 5 mars 1933, il obtenait 44 % des suffrages aux élections ; puis, en moins d'un mois, il investissait tout l'appareil d'État.

1. Cité *in* Banesh Hoffmann, *Albert Einstein, créateur et rebelle*, *op. cit.*, p. 175-176.

Einstein était depuis longtemps dans le collimateur des nazis, mais la violence de leurs attaques à son encontre fit un saut quantique vers le haut. Le 2 mars 1933, le *Völkischer Beobachter* l'accusa d'"intellectualisme culturel, de trahison intellectuelle et de débauche pacifiste". Quelques jours plus tard, toujours en Amérique, il apprit que des chemises brunes avaient mis à sac son appartement berlinois. Que des sections d'assaut avaient visité sa résidence secondaire de Caputh, près de Potsdam, au bord de la Havel, où il aurait, arguaient-elles, autorisé des communistes à cacher un arsenal d'armes et de munitions. Bredouilles, les chemises brunes étaient revenues fouiller la maison une seconde fois, centimètre carré par centimètre carré, et en étaient héroïquement reparties avec un couteau à pain.

C'est précisément à ce moment-là qu'Einstein jura de ne plus jamais retourner en Allemagne. Il n'avait pas peur, il avait honte. La passivité des intellectuels allemands devant les nazis le révulsait littéralement.

Le 18 mars 1933, le couple embarqua à nouveau sur le *Belgenland*, amarré dans le port de New York. Direction : l'Europe, Anvers. La veille, Alfred Hugenberg, magnat de la presse et ministre allemand de l'Économie, de l'Agriculture et de l'Alimentation avait pris la plume dans un quotidien berlinois : "On signale qu'au cours d'une réunion pacifiste Einstein a souhaité l'intervention morale du monde entier contre l'Allemagne et l'hitlérisme. À l'heure où l'on ment à l'Amérique en prétendant l'informer et où la sale propagande marxiste et démocratique essaie de la dresser contre l'Allemagne, ce petit coq vaniteux a le toupet de juger l'Allemagne sans savoir ce qui s'y passe – ce qu'un homme qui n'a jamais été allemand à nos yeux et qui se déclare lui-même juif et uniquement juif ne peut de toute façon pas comprendre[1]."

Le physicien Philipp Lenard, l'homme de l'effet photoélectrique qui fut aussi l'ami d'Einstein, avait tourné casaque. Et il écrivit même un article au picrate : "Le meilleur exemple de l'influence dangereuse des cercles juifs sur les sciences de la nature a été fourni par Einstein et ses théories fondées sur des calculs mathématiques bancals. [...] Même des scientifiques qui ont fait par ailleurs du bon travail ne peuvent éviter le reproche d'avoir permis à la relativité de s'implanter en Allemagne, parce qu'ils n'ont pas vu à quel point il est faux de considérer ce Juif comme un bon Allemand, à l'intérieur et en dehors du domaine scientifique[2]."

Au beau milieu de l'Atlantique, Einstein rédigea sa lettre de démission à l'Académie des sciences de Prusse. Ainsi privait-il le nouveau gouvernement de toute possibilité de l'exclure de l'institution. Il la posta dès son arrivée à Anvers, le 28 mars 1933, et déclara en français, au cours d'une conférence de presse improvisée : "Je ne retournerai pas là-bas [en Allemagne]. Tant que j'aurai le choix en la matière, je ne vivrai que dans un pays où prévalent la liberté civile, la tolérance et l'égalité de tous les citoyens devant la loi." Plus lucide que presque tout le monde à l'époque, bien avant qu'Hitler ne tisonnât les fours crématoires, il savait que l'Allemagne nazie s'était définitivement séparée du monde sous la houlette d'un "hystérique superstitieux".

1. Éditorial d'Alfred Hugenberg, 17 mars 1933, dans un journal local, cité *in* Denis Brian, *op. cit.*, p. 294.
2. *Völkischer Beobachter*, mars 1933.

Le lendemain, il se rendit au consulat allemand de Bruxelles pour restituer le passeport qu'on lui avait remis en 1914, lors de son installation à Berlin, et abandonner officiellement la nationalité allemande, qu'il cumulait avec la nationalité suisse. Il avait été binational, il ne l'était plus, par sa seule volonté. Ce geste provoqua la fureur des nazis, qui l'accusèrent une nouvelle fois de participer à la propagande internationale dirigée contre l'Allemagne. Le 1er avril, ses biens furent confisqués, ses avoirs bancaires saisis, et sa tête fut mise à prix. L'hebdomadaire belge *Pourquoi pas ?* commenta la chose avec sa goguenardise coutumière : "Donc, Einstein s'est dé-*teutonné*. Les Allemands, eux, en paraissent *étonnés*[1]."

Einstein n'était guère attaché aux objets. La perte de ses biens ne l'affecta donc nullement, à l'exception de celle de son bateau à voile, un élégant sloop de sept mètres de long, baptisé le *Tümmler* (le marsouin), qui lui avait été offert par ses amis pour son anniversaire. L'embarcation en acajou massif fut ignominieusement destinée à Hitler.

En quelques jours d'une grande brutalité, une page entière de la vie d'Einstein s'était tournée. Il avait cinquante-quatre ans et les préoccupations d'un homme qui doit se tracer une nouvelle existence, loin de son pays natal, définitivement inhabitable.

1. Article du 7 avril 1933.

18

UN REFUGE SUR LA MER DU NORD : LE COQ-SUR-MER

Il y a des hommes qui, par leurs travaux et la supériorité de leur esprit, appartiennent plus à l'humanité qu'à un pays, mais le pays qu'ils choisissent comme terre d'asile en conçoit une vraie fierté.

Lettre du roi Albert à Albert Einstein, datée du 24 juillet 1933.

La tête d'Einstein avait été mise à prix, et Élisabeth de Belgique s'inquiétait. La reine et le savant étaient devenus amis à la faveur du congrès Solvay 1919. Depuis, ils s'écrivaient, en allemand, et, chaque fois qu'ils en avaient l'occasion, jouaient du violon ensemble. C'est elle qui chargea le professeur Arthur De Groodt et sa femme d'aider les Einstein à leur retour des États-Unis. Ses amis n'avaient plus de domicile, il leur fallait un refuge.

Il y a tout près d'Ostende, où les liaisons par bateau avec l'Angleterre étaient en ce début de XXe siècle quasi quotidiennes, une station balnéaire du nom du Coq-sur-Mer – De Haan en flamand. Le 1er avril 1933, les Einstein y emménageaient dans une petite villa anglo-normande qui porte mal son nom, la “Savoyarde”, à quelques centaines de mètres de la mer. Ils y resteraient jusqu’au 8 septembre 1933, le temps de choisir leur implantation future, loin de l’Allemagne honnie.

J’avais quitté Anvers et pris la route du littoral en direction du Coq-sur-Mer.

Je tombai sur un écrin Belle Époque, au cachet persistant, mais décidai de commencer par la plage, immense, par les dunes où Albert aimait marcher seul ou en compagnie de son collaborateur, le professeur Hans Meyer. Ce jour-là, un vent de mer soufflait fort, et sur le talus qui longeait la côte, les buissons s’entremêlaient et remontaient la pente, sans changer de place, comme sous l’effet d’une anti-gravité. En regardant la mer du Nord, je compris pourquoi certains peintres ont quitté les couleurs saturées du Sud pour trouver ici des nuances infinies. Verts, bleus, gris, bruns, jaunes, la palette s’enrichit et se modifie sans cesse. Les couleurs en deviennent inassignables.

Je quittai la plage en empruntant l’avenue Dürer, puis l’avenue Shakespeare jusqu’au numéro 5, jusqu’à la “Savoyarde”. La flèche du temps semble avoir oublié cette maison-refuge, qui persiste à ressembler à la description qu’en fit un journaliste de l’époque : “Il s’agit d’une habitation modeste et confortable qui n’a rien d’un palace. Avec son mur blanc à contreforts, ses volets verts, son toit qui s’abaisse jusqu’au-dessus du rez-de-chaussée, elle évoque le calme et le délassement des belles vacances familiales. Une barrière de jardinet largement ouverte, pas de sonnette. Il faut, pour s’annoncer, gravir les trois marches d’un petit perron et frapper au carreau d'une porte vitrée qui s'ouvre directement sur une salle commune[1]."

À tout hasard, je sonnai à la porte (car il y a maintenant une sonnette) – j'avais appris que le propriétaire actuel était très coopératif avec les amateurs d'histoire. Personne… Je tournai la tête : à gauche, la villa "Rêve d'enfant" ; à droite, "Petit Fernand". Et toujours personne…

Le Coq-sur-Mer est une ville très calme en hiver. Sa topographie est notoirement différente de celle d'Aarau, de Zurich ou de Berne. Elle eût pu rassurer Euclide sur la pertinence empirique de ses axiomes : plage rectiligne, peu de relief alentour si bien que ses dos-d'âne pourraient être promus monts Ventoux et ses dunes contreforts de l'Annapurna.

On trouve dans le *Tiers Livre* de Rabelais l'adjectif "supercoquelicantieux". Il signifie : qui surpasse le coq, en vanité ou en superbe. Bref, il s'applique à tout mirliflore à l'ego dopé. Au Coq-sur-Mer, au dire de tous ceux qui le croisèrent, Einstein fut plutôt "infracoquelicantieux" : réservé, timide, discret, toujours aimable avec ceux, de toutes conditions, qui le reconnaissaient. Chaque matin, il partait en promenade – la première de la journée –, en suivant un itinéraire invariable où il croisait une jeune fille qui lui lançait systématiquement : "Salut, vieille nouille!" J'imagine qu'il devait sourire. Qu'il devait même apprécier ce rituel. Il prenait souvent ses repas au restaurant Le Cœur Volant ou à l'hôtel des Dunes. Plusieurs photos le montrent attablé sous un parasol dans le jardin du Cœur Volant, en compagnie du

1. *La Dernière Heure*, 16 avril 1933, p. 1.

peintre James Ensor, avec qui il se lia, de son amie Antonina Vallentin, d'Helen Dukas et d'Anatole de Monzie, le ministre français de l'Éducation nationale qui s'était spécialement déplacé pour remettre la légion d'honneur au peintre. Einstein y est cravaté, mais pieds nus dans ses sandales. Il sourit, mais il a toujours un voile de tristesse dans le regard. À côté de ce restaurant, au centre d'une pelouse, il y a une sculpture d'Einstein, plutôt ressemblante : il est assis sur un banc, un crayon et une feuille de papier à la main. On peut même prendre place à son côté.

Einstein était un gourmand, et, chaque après-midi, il allait déguster son cramique, ce pain brioché fourré de raisins secs, à la terrasse de l'hôtel Bellevue, où il avait sa table et ses habitudes. Les propriétaires le choyaient.

Il accepta de poser pour Alfons Blomme, un peintre local, lauréat du prix de Rome, qui dirigeait l'académie de peinture d'Ostende, et se rendit docilement aux séances qui se déroulaient villa Memlinck, au sommet d'une dune. Le portrait est raté, mais il enflamma la fierté de son auteur – cette marque d'amitié d'une star mondiale constituait la plus grande des promotions ontologiques.

Einstein reçut de très nombreuses visites au Coq, notamment celles de l'écrivain Aldous Huxley et de l'abbé Lemaître. Dans un article de souvenirs, ce dernier raconterait une anecdote montrant que les vocabulaires respectifs de la géométrie et de la biologie animale peuvent comiquement s'entremêler : "Dans l'un de ses exposés, Einstein, dont le français était fort convenable, se trouva embarrassé pour traduire le mot allemand *Vierbein*, qui est l'extension à quatre du mot *Dreibein*, qui signifie trièdre. Le professeur De Donder, un des pionniers de la relativité, lui suggéra sans hésitation le mot « quadrupède », qui nous amusa bien. Plus tard, Einstein, parlant anglais, je pus l'entendre, non sans provoquer quelque étonnement, parler du « quadrupède »[1]."

C'est ici, aux confins de la Belgique, qu'Einstein retrouva la reine Élisabeth. Chaque semaine ou presque, ils se plaisaient à jouer ensemble dans un quatuor à cordes et à discuter. Mais la joie et l'insouciance cédaient souvent la place à l'actualité, aux ténèbres qui s'étendaient sur l'Europe.

Dès le 21 avril, il avait pris la décision de clore cette fois toute relation, y compris épistolaire, avec l'Académie des sciences de Prusse par ces mots sans appel : "Autant que je sache, les Sociétés savantes d'Allemagne sont restées passives et muettes alors qu'un grand nombre de chercheurs, d'étudiants et d'intellectuels ayant une formation universitaire se sont vu priver d'emploi et de moyens d'existence. Je refuse d'appartenir à une Société qui se comporte de la sorte, même si elle le fait sous la contrainte[2]."

À son vieil ami Michele Besso, il écrivit : "Le funeste travail de dressage bismarckien donne, une fois de plus, des résultats désastreux pour le peuple allemand[3]."

En cette année 1933, la situation en Allemagne devenait une chronologie de la haine et de la fureur incendiaire. Et même en Belgique, dans cette zone

1. Abbé Georges Lemaître "Rencontres avec A. Einstein", *Revue des questions scientifiques*, 20 janvier 1958, p. 130-131.
2. Albert Einstein, *Comment je vois le monde*, *op. cit.*, p. 97-98.
3. Lettre n° 176, du 5 mai 1933, *in* Albert Einstein, *Correspondance avec Michele Besso (1903-1955)*, *op. cit.*, p. 173.

refuge, la vie ne pouvait se résumer à la douceur et à l'amitié. Einstein recevait régulièrement des lettres d'insultes et des menaces de mort, et les accueillait dans la plus grande nonchalance. Il se vantait même d'être l'une des personnes que les nazis "aimaient le mieux détester[1]". Un jour, de retour d'une croisière à bord du *Zinnia*, un garde-côte belge, Einstein refusa de monter dans la somptueuse limousine que ses amis avaient dépêchée pour le ramener d'Ostende au Coq. Il préféra s'installer dans le petit tacot décapotable du peintre Blomme afin, dit-il, de sentir la caresse du vent dans ses cheveux.

À la fin août, Antonina Vallentin accrut d'un cran l'anxiété d'Elsa en apportant au couple un magazine allemand qui dénonçait les ennemis du régime nazi. En une, une photo d'Einstein, la liste de ses "crimes", qui commençait par la théorie de la relativité, et la mention : "Pas encore pendu[2]." Elsa ne ferma pas l'œil de la nuit. Depuis plusieurs semaines, elle se couchait tout habillée et sursautait au moindre craquement[3]. Sur intervention du couple royal et d'Elsa, Einstein fut placé sous protection de la gendarmerie, contre sa volonté.

À la bibliothèque du Coq-sur-Mer, j'ai pu consulter le rapport d'un gendarme du district d'Ostende, un certain M. Roux, "contrôleur", daté du 10 août 1933 : "Le 12 avril 1933, le professeur Einstein avait

1. Jürgen Neffe, *Einstein : A Biography*, *op. cit*, p. 285.
2. Au même moment, le bruit courut que sa tête avait été mise à prix par une société secrète nazie, la "Vehme". Les journaux belges en firent un large écho (par exemple, *Le Soir*, *Le Peuple*, *La Libre Belgique*, *L'Indépendance belge*, *La Dernière Heure* du 8 septembre et *La Meuse* du 9 septembre).
3. Antonina Vallentin, *Le Drame d'Albert Einstein*, *op. cit.*, p. 231.

promis au lieutenant Arnoul de donner connaissance de ses sorties aux gendarmes, en tenue civile, chargés de veiller à sa sécurité, mais il n'en a pas tenu compte longtemps. Ce savant est sorti plusieurs fois sans prévenir, vers 2 ou 3 heures de la nuit, pour faire une promenade seul sur la digue." Einstein ne prenait aucune mesure de protection, travaillait très tard dans la nuit et laissait la porte de sa villa ouverte. D'où l'inquiétude du lieutenant Arnoul, commandant de district, qui n'a pas manqué de mentionner dans un de ses rapports que "le bureau du professeur est au rez-de-chaussée, à front de l'avenue et que l'accès est très aisé"...

Einstein refusait simplement d'échanger le moindre gramme de liberté contre un kilo de sécurité. À ses yeux, ces deux sortes de masses-là sont d'espèces si différentes qu'elles échappent à tout principe d'équivalence. "La sécurité est insupportable, déclara-t-il au magazine *Newsweek*. Des policiers dorment dans les escaliers, les services spéciaux patrouillent dans le jardin et ma femme est terriblement inquiète[1]."

C'est dans cette parenthèse désenchantée qu'Einstein comprit que l'évolution de l'Allemagne était irréversible, que le pire était à venir et qu'il ne fallait rien céder à Hitler puisque c'est la guerre qu'il voulait. Cette révélation, ou plutôt cette confirmation, eut pour effet de le faire changer d'avis sur l'armée et le service militaire. En 1930, lors de son premier séjour aux États-Unis, il avait réaffirmé ce qu'il pensait depuis toujours : "Si seulement deux

1. "Belgium : Einstein, Fearing Nazis, Flees to England", *Newsweek*, 16 septembre 1933.

pour cent des appelés déclaraient ne pas vouloir servir et exigeaient simultanément que tous les conflits internationaux fussent résolus de façon pacifique, les gouvernements seraient impuissants[1]." Et un an avant son arrivée au Coq-sur-Mer, de passage à Genève, il préconisait encore "le refus du service militaire et la fermeture de toutes les fabriques d'armes et de munitions[2]". Sa position semblait alors inébranlable. Jusqu'à l'arrivée d'Hitler au pouvoir.

C'est alors qu'il reçut une lettre du roi Albert, qui souhaitait le rencontrer au palais, à Bruxelles, "à propos d'une affaire urgente" : le monarque invitait le savant à faire connaître son point de vue sur l'affaire Marcel Dieu et Léo Campion, deux militaires belges de réserve, qui avaient renvoyé leur livret militaire accompagné d'une lettre où ils se déclaraient objecteurs de conscience. Rappelés sous les drapeaux, ils avaient refusé de répondre à l'ordre. Le 19 juillet approchait, et les deux hommes devraient comparaître devant le Conseil de guerre de Brabant. L'entrevue eut lieu. Puis, de retour au Coq-sur-Mer, Einstein écrivit au roi : d'une part, les objecteurs de conscience ne devaient pas être traités en criminels ; d'autre part, l'existence d'une armée défensive en Belgique était pleinement justifiée du fait des intentions belliqueuses de l'Allemagne.

Le 20 juillet, il répondait à Paul Nahon, un jeune pacifiste français qui l'avait sollicité, qu'il ne témoignerait pas au procès des deux objecteurs de conscience : "Je vous le dis sans détour : dans les

1. Albrecht Fölsing, *Albert Einstein, A Biography*, *op. cit.*, p. 635.
2. Lettre citée *in* Albert Einstein, *Le Pouvoir nu, Propos sur la guerre et la paix*, *op. cit.*, p. 96.

circonstances actuelles, si j'étais citoyen belge, je ne refuserais pas le service militaire ; je l'accepterais même de bon gré, avec le sentiment de contribuer à la sauvegarde de la civilisation européenne."

Le pacifisme d'Einstein s'était relativisé. Ce retournement lui valut un abondant courrier polémique et moult commentaires dans la presse nationale : "Einstein revu et corrigé" titra *Le Rouge et le Noir*, une tribune libre et anticonformiste. "Les pacificards incurables devant l'évolution d'Einstein", éructa l'organe de presse de la Légion nationale, une organisation d'extrême droite monarchiste.

"Les antimilitaristes ne cessent de m'attaquer en me traitant de renégat diabolique, confia-t-il à Helen Dukas. Il faut vraiment qu'ils aient d'épaisses œillères pour ne pas se rendre compte qu'ils ont été chassés du paradis[1]." Sur ces mots, Einstein allait quitter définitivement la Belgique, et bientôt l'Europe. Le 3 octobre 1933, quatre jours avant de partir pour l'Amérique, Einstein prononça au Royal Albert Hall de Londres une conférence de soutien aux réfugiés. Pas moins de dix mille personnes s'étaient rassemblées pour l'écouter :

> Nous ne nous opposerons réellement aux puissances qui menacent les libertés intellectuelles et individuelles, leur dit-il, que lorsque nous aurons reconnu que la notion même de liberté, pour laquelle nos ancêtres s'étaient déjà déchirés, est aujourd'hui en péril.

1. *Ibid.*

> Sans cette liberté que je viens d'évoquer, pas de Shakespeare, pas de Goethe, pas de Newton ni de Faraday ni de Pasteur[1].

Princeton serait son domicile pour les vingt-deux ans à venir. Un océan, c'était le moins qu'il pût mettre entre les nazis et lui. Einstein deviendrait américain et ne retournerait jamais sur le Vieux Continent. Pas même pour une simple visite.

En 1950, le jour de son soixante-et-onzième anniversaire, il confierait à Robert Oppenheimer : "Voyez-vous, quand il a été donné une fois à quelqu'un d'accomplir quelque chose de sensé, toute sa vie ultérieure en devient un peu bizarre[2]." À quoi songeait-il en prononçant ces mots ? Peut-être à la décision qu'il avait prise au Coq-sur-Mer, dix-sept ans plus tôt, de s'installer définitivement aux États-Unis : ainsi était-il devenu un réfugié dans une nation de réfugiés.

1. Extrait du discours, cité *in* Albert Einstein, *Le Pouvoir nu, Propos sur la guerre et la paix*, *op. cit.*, p. 97
2. Rapporté par Robert Oppenheimer dans son article intitulé "L'Ecclésiaste au XXe siècle", art. cit.

19

THE NO LAND'S MAN

Je suis véritablement un "voyageur solitaire", et je ne me suis jamais senti pleinement chez moi, ni dans mon pays, ni dans mon foyer, ni avec mes amis, ni même dans ma famille proche.

ALBERT EINSTEIN

Il semble que l'identification d'une personne à une région de l'espace-temps ne veuille pas s'user : tout homme serait d'abord d'un pays, d'un "endroit dans le temps" pour parler comme Charles Péguy, "où tenir sa place, où habiter pour vivre, en sa finitude, une vie d'homme en chair et en âme".

Albert Einstein en fut un contre-exemple. Il incarna même une sorte de "génie du non-lieu[1]".

En juillet 1933, de passage en Angleterre, il fut convié à un dîner en présence de l'ancien Premier ministre David Lloyd George. À la rubrique "adresse" du livre d'honneur qui lui fut tendu à la fin du repas, il inscrivit : "Aucune". Ce qui était

1. Cette belle expression est d'Edmond Jabès (*Le Livre des questions*, Gallimard, "L'Imaginaire", Paris, 1900, p. 283).

factuellement vrai à ce moment précis de son existence le fut aussi, d'une autre façon, plus sophistiquée, tout au long de sa vie.

L'endroit où l'on s'installe, ce n'est pas important. En tant que parfait déraciné, je ne me sens pas qualifié pour donner un avis. Les cendres de mon père sont à Milan. J'ai enterré ma mère ici il y a quelques jours. Moi-même, j'ai erré sans cesse, étranger partout. Mes enfants sont en Suisse, et les circonstances font qu'il n'est pas simple pour moi d'aller les voir quand j'en ai envie. L'idéal, pour un homme comme moi, est d'être chez soi *n'importe où, avec ses proches et les êtres aimés. Je ne me sens pas le droit de vous conseiller*[1].

Tels sont les mots qu'il avait adressés en 1920 à son ami Max Born qui lui demandait conseil au sujet d'un poste que l'université de Göttingen lui proposait. La géographie n'était pas dans ses priorités. Et ne le serait jamais.

Einstein obéissait sans doute au principe fondateur de sa théorie de la relativité générale, qu'il ne cessait de répéter : "Les coordonnées n'ont pas de sens physique, tous les systèmes de repérage dans l'espace-temps sont équivalents." Qu'est-ce à dire ? Que pour définir un événement dans l'espace-temps, on doit pouvoir utiliser n'importe quel système de coordonnées (autrement dit n'importe quel référentiel) sans que le choix effectué change la forme des équations de la théorie. En d'autres termes,

1. Lettre à Max Born du 27 janvier 1920, in *Albert Einstein, Max Born, Correspondance 1916-1955*, traduction de Pierre Leccia, Seuil, Paris, 1972, p. 41. Einstein était alors en poste à Berlin.

aucun système de coordonnées ne peut être considéré comme "spécial", fondamentalement différent des autres. Cette "invariance par difféomorphisme" (ainsi a-t-elle été nommée) invite à considérer que ce qui se passe dans l'espace-temps est finalement plus essentiel que le mode de description de l'espace-temps lui-même[1], toujours arbitraire. Symboliquement transposée au cas d'Einstein, comment se traduirait cette invariance ? Par un fait simple mais hégémonique : ce qui avait lieu dans son esprit était beaucoup plus important à ses yeux que les coordonnées du lieu où il se trouvait être.

Une anecdote rapportée par Philippe Frank en témoigne joliment : "Je me rappelle une visite au cours de laquelle nous décidâmes d'aller voir ensemble l'observatoire d'astronomie de Potsdam. Nous étions convenus de nous y rencontrer sur un certain pont.

1. En 1919, une rue d'Ulm, la ville natale d'Einstein, fut baptisée *Einsteinstrasse*, mais après 1930, les nazis ne purent supporter un tel honneur rendu à un juif célèbre. Le jour même de son élection, le premier maire nazi d'Ulm changea l'Einsteinstrasse en la Fichtestrasse, qui ne reportera le nom d'Einstein qu'après la victoire des Alliés. En 1946, Einstein revint sur cette affaire dans une lettre : "J'avais eu connaissance, à l'époque, de l'amusante histoire des noms de rues, qui m'avait bien fait rire. J'ignore si on en a changé depuis lors, et plus encore quand aura lieu un nouveau changement, mais je suis tout à fait capable de modérer ma curiosité à ce propos. Je pense qu'un nom neutre, comme par exemple « rue de la Girouette », conviendrait mieux à la mentalité politique allemande et rendrait superflu, à l'avenir, tout nouveau changement de nom" (cité *in* Banesh Hoffmann, *Einstein, créateur et rebelle*, *op. cit*, p. 23). C'était pour Einstein une manière à la fois drôle et profonde de dire le peu de cas qu'il faisait des conventions que nous utilisons pour nous repérer dans l'espace-temps. C'était aussi une façon très élégante de moquer les revirements de l'Allemagne à son endroit.

Comme je connaissais mal Berlin, je lui dis que je ne pouvais pas garantir que je serais bien à l'heure. « Oh ! répondit Einstein, ce n'est pas grave, j'attendrai sur le pont, voilà tout. » J'insinuai que cela lui ferait perdre du temps. « Qu'à cela ne tienne, me répliqua Einstein, mon genre de travail peut se faire n'importe où ! Pourquoi réfléchirais-je moins bien à mes problèmes sur ce pont plutôt que chez moi[1] ? »" Cette indifférence au contexte spatial n'a pas été sans incidence directe sur son rapport au temps, en vertu d'une sorte de transformation de Lorentz psychologique : Einstein n'était jamais pressé ni impatient.

Dans ses *Notes autobiographiques* (1947), il va jusqu'à dissocier sa pensée de sa vie charnelle et psychologique : "L'essentiel dans l'existence d'un homme de mon espèce, écrit-il, réside dans *ce* qu'il pense et *comment* il pense, non dans ce qu'il fait ou souffre[2]." Et jamais il ne précise ni le lieu ni le contexte dans lequel lui est venue telle ou telle idée. Comme si elles avaient glissé avec lui dans l'espace-temps, sans s'être laissé marquer par les paysages ou l'environnement, ni par les sensations ou les impressions qu'ils peuvent susciter. Comme si le monde était agéographique.

Einstein ne fut l'homme d'aucun pays[3], ni d'aucune nation.

1. Philippe Frank, *Einstein, Sa vie et son temps*, *op. cit.*, p. 187-188.
2. Albert Einstein, "Autobiographical Notes", in *Albert Einstein : Philosopher-Scientist*, Paul Arthur Schilpp (dir.), The Library of Living Philosophers, Open Court, La Salle (Illinois), 1949, p. 33.
3. Réunies, ces trois anagrammes d'*Albert Einstein* le résument assez bien : *rien n'est établi*, qui signifie qu'il n'existe pour lui nul ancrage qui soit ferme et définitif ; *inerte instable*, qui laisse

À n'en pas douter, la notion d'"identité nationale", sous les feux de tant d'attentions, l'aurait agacé. Aujourd'hui, on attend d'elle qu'elle traduise une sorte d'essentialité primitive, close sur elle-même, forcément fantasmatique. Pour cet homme citoyen du monde, de l'univers même, le nationalisme était la "pestilence des pestilences", pour reprendre une formule de Stefan Zweig au soir de sa vie, dans *Le Monde d'hier*.

Dans un monde agéographique, on n'est d'aucun pays.

Pourtant Einstein fut d'un pays, celui de l'imagination. Un pays inassignable.

Il avait parlé tardivement, au point que ses parents s'en étaient inquiétés. À neuf ans, en dernière classe de l'école élémentaire, il s'exprimait encore difficilement. Il préparait sa phrase longuement, en remuant silencieusement les lèvres, retardait autant que possible l'instant de lui faire franchir le seuil de l'expression, puis, tout à coup, l'énonçait à voix haute.

Il eut l'occasion de s'en expliquer avec le mathématicien français Jacques Hadamard, qui donna en 1943 et 1944 une série de conférences à New York et à Princeton sur la psychologie de l'invention dans le domaine des mathématiques et de la physique théorique. À l'époque, Hadamard nourrissait des échanges réguliers avec le linguiste Roman Jakobson, lequel avançait que les signes sont un soutien nécessaire de la pensée et que le système de signes le plus courant

penser que ses multiples changements d'adresse et ses innombrables voyages firent de lui un homme spatialement instable, mais demeurant identique à lui-même ; et *inertiel absent*, qui exprime qu'il y avait chez lui une sorte d'autochtonie de la pensée. (La première anagramme a été trouvée par Jacques Perry-Salkow.)

est bien sûr le langage proprement dit. Mais, ajoutait Jakobson, la pensée, lorsqu'elle est inventive, use volontiers d'autres systèmes de signes, plus souples et moins standardisés que le langage ordinaire. En retour, ces systèmes ont la vertu de laisser davantage de liberté au mouvement de la pensée qui les produit[1] – pensée créative, au caractère souvent discontinu et procédant par illuminations. Cette pensée-là est issue d'un long travail inconscient. Au moment où Hadamard mettait la dernière main à son recueil[2], il reçut les réponses d'Einstein au questionnaire qu'il avait adressé à plusieurs scientifiques : "Les mots et le langage écrit ou parlé ne semblent pas jouer le moindre rôle dans le mécanisme de ma pensée. Les entités psychiques qui servent d'éléments à la pensée sont certains signes ou des images plus ou moins « claires » qui peuvent « à volonté » être reproduits ou combinés. [...] Les éléments que je viens de mentionner sont, dans mon cas, de type visuel et parfois musculaire[3]." Et tous ces éléments sont pour lui "moteurs". Einstein appartient à la communauté des savants et des artistes qui ont ouvert la voie à la compréhension de la pensée en tant qu'intelligence non verbale, une voie qui fut longtemps entravée par le dogme linguistique de l'adéquation entre signifiant et signifié.

1. *Cf.* Roman Jakobson, "Einstein et la science du langage", *Débat*, n° 20, mai 1982, p. 132.
2. J. Hadamard, *An Essay on the Psychology of Invention in the Mathematical Field*, Princeton University Press, Princeton, 1945 (traduction française de Jacqueline Hadamard : *Essai sur la psychologie de l'invention dans le domaine mathématique*, Librairie scientifique Albert Blanchard, Paris, 1959).
3. *Ibid.*, p. 142-143 de la version anglaise.

Les équations procèdent d'emblée à l'extérieur de la singularité des langues, et le formalisme dans lequel elles sont exprimées permet d'accéder à des vérités qui transcendent les langages ordinaires. Avec Einstein, la physique devenait un acte poétique. Car la poésie, qui s'énonce toujours dans la singularité d'une langue donnée, creuse la langue jusqu'à ses limites, en nouant par les mots de nouvelles images. Einstein parvenait à associer la rigueur froide de la pensée scientifique aux fulgurations phosphorescentes de l'intuition poétique.

Einstein procédait par expérience de pensée, des expériences capables de tenir le monde empirique à distance et de prolonger, dans une sorte d'ailleurs, les implications d'une théorie : que se passerait-il, dans telle ou telle situation que je suis capable d'imaginer, si cette loi physique était vraiment exacte ? Qui sait si ces expériences de pensée ne lui étaient pas soufflées par quelque voix insistante et inspirante qui lui parlait depuis son plus jeune âge, peut-être un équivalent du *daimonion* de Socrate, ce petit démon qui instaurait et alimentait le dialogue intérieur ?

Ce pays de l'imagination avait un trait particulier, la propension au pas de côté. Une anecdote bernoise en est l'illustration parfaite : des collègues, curieux de savoir comment lui étaient venues ses idées les plus révolutionnaires – celles des articles de 1905 –, s'étaient déplacés à Berne pour voir "le génie" en personne. En guise de réponse, Einstein les avait emmenés faire un tour à la fosse aux ours[1],

1. Située sur les rives de l'Aar, à l'est de la vieille ville, cette fosse devait donner corps à la légende selon laquelle le duc Berthold V

à l'heure où la nourriture était distribuée. La grande majorité des ours, leur fit-il observer, restent tous dans le même coin, à attendre que des morceaux de viande veuillent bien choir à leurs pieds. De temps en temps, pourtant, il arrive que l'un d'entre eux, demeuré à l'écart, se dresse sur ses pattes arrière pour repérer les morceaux tombés plus loin, ou dans un endroit moins accessible. Einstein était conscient de ne pas procéder comme les autres, de faire instinctivement le pas de côté qui lui permettait de regarder les situations sous des angles inédits.

De l'imagination à l'humilité, il n'y a chez lui qu'un pas, qu'il franchissait avec sa fraîcheur et sa décontraction coutumières. Il expliqua un jour que le ressort du processus qui l'avait mené jusqu'à la théorie de la relativité n'avait à voir ni avec quelque génie personnel ni avec le contexte bernois, mais avec… la lenteur de son développement intellectuel : "Je me demande parfois comment il se fait que j'aie été le seul à développer la théorie de la relativité, confiera-t-il à l'un de ses biographes. La raison en est, je pense, que l'adulte normal ne se casse jamais la tête au sujet des problèmes d'espace et de temps. À son sens, tout ce qu'il faut penser à ce propos a déjà été élaboré dans sa petite enfance. Mais moi, je me suis développé si lentement que je n'ai commencé à m'interroger sur l'espace et le temps qu'une fois devenu adulte. En conséquence,

de Zähringen, fondateur de la ville, aurait capturé l'un de ces plantigrades en 1191. Depuis peu, la fosse a été transformée en parc sur l'une des rives de l'Aar, et les ours y vivent dans de bien meilleures conditions. Il est à noter que Berne est un dérivé du mot suisse allemand *Bär*, qui veut dire "ours".

j'ai creusé le problème plus à fond que ne l'aurait fait un enfant ordinaire[1]." Il disait aussi qu'il n'aurait rien découvert s'il n'avait pu se jucher sur les épaules de géants : "Les quatre hommes qui ont jeté les bases de la physique, bases sur lesquelles j'ai pu construire ma théorie, sont Galilée, Newton, Maxwell et Lorentz. En science, les travaux d'un seul homme sont tellement liés à ceux des savants antérieurs ou contemporains qu'ils apparaissent presque comme un produit impersonnel de sa génération[2]."

Pays de l'imagination, des expériences de pensée, du pas de côté, irrigué par d'intenses dispositions spirituelles. Celle, notamment, qui fait éprouver le mystère du monde : c'est "l'expérience la plus belle et la plus profonde que puisse faire l'homme, écrivit-il. C'est sur lui [le mystère] que se fondent les religions et toute activité sérieuse de l'art ou de la science. Celui qui n'en fait pas l'expérience me semble être, sinon un mort, du moins un aveugle." Phrases en apparence banales, en vérité provocatrices pour le lecteur d'aujourd'hui. Einstein, j'en suis certain, aurait percé des brèches dans le couvercle qui ferme nos horizons, et promu une sorte de psychisme ascensionnel, qui coupe l'envie d'évoluer dans les basses régions.

Enfin, et surtout, Einstein aimait la musique, d'un amour irrépressible, vaste et joyeux. La musique qui,

1. Cité *in* Carl Seelig, *Albert Einstein, Eine dokumentärische Biographie*, *op. cit.*, p. 70-71.
2. Phrase prononcée à l'occasion d'une conférence donnée à Washington en 1921, citée *in* Ronald Clark, *Einstein, sa vie et son époque*, *op. cit.*, p. 126.

à l'instar des équations, ne relève pas des mots, mais des notes, des sons. Elle était l'*éther*, un éther bien réel cette fois, qui soutenait l'ondulation de sa pensée et transportait son âme. "Chaque fois qu'il sentait qu'il était arrivé à un cul-de-sac ou à une situation délicate dans ses recherches, dit un jour son fils aîné, il se réfugiait dans la musique, ce qui généralement résolvait toutes les difficultés[1]." Dans les sonates de Mozart, "si pures et si belles", c'est "le reflet de la beauté intérieure de l'univers[2]" qu'il voyait. "Je pense souvent en musique. Je vis mes rêveries en musique. Je vois ma vie en termes de musique[3]", confia-t-il un jour de 1929. Tout était dit.

Soutenues par le rythme des notes, intriquées les unes aux autres par quelque lien causal, ses idées parvenaient à tracer, ailleurs que dans l'espace ordinaire, des courbes plus précises que les mots. À la couture du réel et de l'imaginaire, elles tissaient en se combinant l'élégante métrique du pays qu'habitait Albert Einstein.

1. *Ibid.*, p. 137.
2. Cité *in* Armin Hermann, *Albert Einstein*, Piper, Munich, 1994, p. 158.
3. Interview de G. S. Viereck, "What Life Means to Einstein", *op. cit.*

BIBLIOGRAPHIE

ASPECT Alain *et al.*, *Einstein aujourd'hui*, ouvrage collectif, EDP Sciences/CNRS Éditions, 2005.

BALIBAR Françoise, *Einstein 1905, de l'éther aux quanta*, PUF, "Philosophie", 1992.

–, *Einstein, La joie de la pensée*, Gallimard, "Découvertes", 1993.

BALIBAR Françoise, TONCELLI Raffaella, *Einstein, Newton, Poincaré, Une histoire de principes*, Belin, 2008.

BIEZUNSKI Michel, *Einstein à Paris*, Presses universitaires de Vincennes, 1991.

BORELLA Vincent, *L'Introduction de la relativité en France, 1905-1922*, Presses universitaires du Septentrion, Lille, 2000.

BOUDENOT Jean-Claude, *Comment Einstein a changé le monde*, EDP Sciences, Les Ulis, 2005.

BRIAN Denis, *Einstein, le génie, l'homme*, trad. Bernard Seytre, Robert Laffont, 1997.

CLARK Ronald, *Einstein, sa vie et son époque*, trad. Roland Bauchot, Stock, 1980.

CUNY Hilaire, *Albert Einstein et la relativité*, Seghers, 1963.

DAMOUR Thibault, *Si Einstein m'était conté*, Le Cherche-Midi, 2005.

DERUELLE Nathalie, *De Pythagore à Einstein, tout est nombre*, Belin, "Pour la science", 2015.

EINSTEIN Albert, *Œuvres choisies*, Seuil/CNRS (sous la direction de F. BALIBAR), six volumes, 1989-1991.

–, *La Théorie de la relativité restreinte et générale*, Dunod, 2012.

–, *Conceptions scientifiques*, Flammarion, 1989.

–, *Comment je vois le monde*, Flammarion, "Champs", 1979.

–, *Autoportrait*, InterÉditions, 1980.

–, *Le Pouvoir nu, Propos sur la guerre et la paix, 1918-1955*, Hermann, 1991.

–, *Lettres à Maurice Solovine*, Introduction, Gauthier-Villars, Paris, 1956.

–, *Correspondance avec Michele Besso (1903-1955)*, trad. de Pierre Speziali, éditions Hermann, 1979.

–, *Albert Einstein, Max Born, Correspondance 1916-1955*, trad. de Pierre Leccia, Seuil, 1972.

–, *The Collected Papers of Albert Einstein*, vol. 1 : *The Early Years, 1879-1902*, doc. 5 (sous la direction de John Stachel), Princeton University Press, Princeton, 1987.

EINSTEIN Albert et INFELD Léopold, *L'Évolution des idées en physique*, trad. Maurice Solovine, Flammarion, 1993.

EINSTEIN-WINTELER Maja, *La Jeunesse d'Einstein* (1879-1901), trad. de Marie Artaud et Jean-François de Sauverzac dans *Albert Einstein*, Seuil/CNRS, "Sources du savoir", 1989.

EISENSTAEDT Jean, *Avant Einstein, Relativité, lumière, gravitation*, Seuil, "Science ouverte", 2005.

–, *Einstein et la relativité générale*, CNRS Éditions, 2002.

FÖLSING Albrecht, *Albert Einstein, A Biography*, Viking, Londres, 1997.

FRANK Philippe, *Einstein, Sa vie et son temps*, Flammarion, "Champs", 2009.

HERMANN Armin, *Albert Einstein*, Piper, Munich, 1994.

HIGHFIELD Roger et CARTER Paul, *The Private Lives of Albert Einstein*, Faber and Faber, Londres, 1993.

HOFFMANN Banesh, *Albert Einstein, créateur et rebelle*, Seuil, 1975.

HOLTON Gerald, *Science en gloire, science en procès, Entre Einstein et aujourd'hui*, traduit de l'anglais par Abi Gezunt, Gallimard, 1998.

LACHIÈZE-REY Marc, *Au-delà de l'espace et du temps*, Le Pommier, 2003.

–, *Einstein à la plage, la relativité dans un transat*, Dunod, 2015.

LANGEVIN Paul, *Le Paradoxe des jumeaux, deux conférences sur la relativité*, textes présentés par Élie During, Presses universitaires de Paris-Ouest, 2016.

MARTIN Charles-Noël, *Einstein*, Hachette, "Littérature", 1979.

MERLEAU-PONTY Jacques, *Einstein*, Flammarion, 1997.

MOATTI Alexandre, *Einstein, un siècle contre lui*, Odile Jacob, 2007.

NEFFE Jürgen, *Einstein : A Biography*, trad. de Shelley Frisch, Farrar, Straus, and Giroux, New York, 2005.

PAIS Abraham, *Subtle Is the Lord, The Science and the Life of Albert Einstein*, Oxford University Press, Oxford, 1982.

PATY Michel, *Einstein philosophe*, PUF, 1993.

–, *Albert Einstein ou la Création scientifique du monde*, Belles Lettres, 1997.

ROBINSON Andrew, *Albert Einstein. Un siècle de relativité*, Place des Victoires, 2015.

SEELIG Carl, *Albert Einstein, eine dokumentärische Biographie*, Europa Verlag, Zurich, 1954.

Schilpp Paul Arthur, *Albert Einstein : Philosopher-Scientist*, The Library of Living Philosophers, Open Court, La Salle (Illinois), 1949.

Sugimoto Kenji, *Einstein, biographie illustrée*, traduction de Jean-Pierre Bardos, Belin, 1990.

Vallentin Antonina, *Le Drame d'Albert Einstein*, Plon, 1954.

REMERCIEMENTS

Je remercie Dominique Brancher, qui fut en Suisse mon guide érudit et attentionné.

J'exprime toute ma reconnaissance à plusieurs universitaires praguois qui m'ont accueilli avec beaucoup de générosité et donné accès à de précieuses informations sur le long séjour d'Albert Einstein dans cette ville : Emilie Tesinska, Alena Solcova (qui fut aussi un guide prévenant), Jiri Langer et Tomas Ledvinka.

Je tiens à témoigner ma gratitude à Jean Ferrard, petit-neveu d'Einstein, qui m'a aimablement ouvert sa porte à Bruxelles ; à Chantal Fourneau et à Marie-Christine Schils, du Fonds Body, à Spa ; aux bibliothécaires si obligeants du Coq-sur-Mer, Mieke Haeck et Wilfried Saelens, et à Mme Brigitte Hochs, fille des propriétaires de l'hôtel Bellevue, où Einstein avait ses habitudes, qui a été mon éclaireuse bienveillante dans le dernier refuge européen d'Einstein.

Jean-Marie Fisse m'a chaleureusement reçu dans un moment sensible de la rédaction de cet ouvrage – qu'il en soit remercié.

Enfin, je remercie Sylvie Fenczak, mon éditrice, qui a si bien su accompagner ce livre.

TABLE

1. Chambre d'appel 9
2. *Riding in the Rain* 14
3. À nous la liberté ! 20
4. Aarau et la vie en rose 30
5. Deux heures à Mettmenstetten, éternité comprise 43
6. "L'impertinence, mon ange gardien" 56
7. Berne ou le parti pris des choses 69
8. Jeux olympiens 79
9. Les *quanta* se mettent en lumière 89
10. L'atome fait ses preuves 98
11. La relativité ou la promotion de l'invariance 103
12. $E = mc^2$, mais encore… 132
13. Une reconnaissance tardive 145
14. Prague ou l'esprit d'ascenseur 155
15. Hôtel Métropole, patrie des esprits frères 178
16. L'invisible drap et la boule de pétanque 189
17. L'exil avant l'exil 203
18. Un refuge sur la mer du Nord : Le Coq-sur-Mer 219
19. *The no land's man* 229

Bibliographie 241
Remerciements 245

OUVRAGE RÉALISÉ
PAR L'ATELIER GRAPHIQUE ACTES SUD
ACHEVÉ D'IMPRIMER
EN AVRIL 2018
PAR NORMANDIE ROTO IMPRESSION S.A.S.
61250 LONRAI
POUR LE COMPTE
DES ÉDITIONS ACTES SUD
LE MÉJAN
PLACE NINA-BERBEROVA
13200 ARLES

DÉPÔT LÉGAL
1re ÉDITION : JUIN 2018

N° impr. : 1801124

(*Imprimé en France*)